都市のレガシー

長谷川昌之

都政新報社

はじめに

　私は建築を学び、公共施設の計画や整備業務を生業としているのだが、２０２０東京大会の招致から開催都市への決定、そして大会準備（２０１６年の夏までの間）に携わった。中でも私は、主に大会の会場計画などを担当していた。

　大会の準備を進める中で、五輪大会のスケールの大きさに日々驚き、「大会は都市を変える力を持っている」と強く思うようになった。

　大会開催によって誕生した施設や場所は、都市のヒストリー（歴史）を象徴するハードの「レガシー」の典型といえる。たった2週間程度のイベントが、その後の開催都市にどのような影響（または、レガシー）を与えているのか？

　また、開催都市は、どのように「都市のレガシー」を育み、その後の都市の発展につなげてきたのであろうか？

　そこで、私の趣味の海外旅行にこのテーマを新たに加え、２０１５年から過去に大会を開催した都市を巡ることを始めた。特に複数の競技会場と選手村、メイン・メディア・センターが同じエリアに集積するオリンピックパークのある都市を中心に、ロンドン、シドニー、バルセロナ、ソウル、ローマという5都市を1年に1都市、５年かけて巡ってきた。

そして、各都市の発展の歴史と大会の会場計画などの基礎情報を加えながら、その都度体験レポートとしてまとめ、新聞『都政新報』に足掛け6年、延べ46回にわたって連載してきた。

本書は先の5都市に加え、日本で開催された1964東京大会と1998長野大会の会場となった施設を訪ねた記録も加えている。

また、『都政新報』に連載された内容をベースに、「第1章　五輪大会の歴史と会場計画」、「第7章　2020東京大会と今後の大会、都市」を加えた。他にも時点修正や誌面の都合で連載時には掲載できなかった事柄の追記、写真や図なども充実させて再構成した。

私自身は研究者ではないものの、自分の足を使って調べた情報（既に古くなってしまったものもあるものの）と旅の見聞録を次世代へ継承したいとの思いから出版を決意した。

会場計画など、建築や都市計画についてのやや専門的な内容もあるが、多くの方に読んでいただけるように、できる限り専門用語を使わないように心がけた。

2020東京オリンピック・パラリンピック競技大会（以下、2020東京大会と表記）は同一都市での2回目の開催であり、1964東京大会の時のようなハード以上に成熟した都市のソフトのレガシー創出に期待が寄せられていた。

しかし、新型コロナウイルスの影響により、ほぼ無観客での開催となり、実際に大会を体験することができなくなってしまった。そのため、当初期待されていた異文化交流や社会的包摂性（ソーシャル・インクルージョン）などの、ソフトのレガシー創出が不完全燃焼に終わってしまったことは、誠に残念であった。

それでも２０２０東京大会は、１年遅れで何とか開催された。私の考える「都市のレガシー」とは、大会の開催も含む都市のヒストリーを継承し、都市のアイデンティティーとして次世代へつないでいくことである。

そして、競技会場となった公共施設を始めとした建築は、そんな大会のヒストリーをつなぐ「場所」としての役割も担っている。

過去に大会が開催された都市のそのような「場所」を巡ってきた記録をまとめた本書が、開催を終えた２０２０東京五輪大会とパラリンピック大会の開催というヒストリーを継承していく上で、少しでも参考となってくれれば幸いである。

都市のレガシー

目次

はじめに――3

第1章 五輪大会の歴史と会場計画

1 大会の歴史を概観――10
2 大会運営と会場計画――17
3 まとめ―大会の歴史と会場計画の進化――35

第2章 60年目を迎えるローマ大会とレガシー

1 ローマの都市の歴史と五輪大会――44
2 古代五輪から近代五輪への歴史――66
3 ローマ大会のレガシー巡り――74
4 まとめ―都市の再開発手法としての大会――92

第3章　幻の1940大会と1964東京大会の都市のレガシー
1　1964東京大会の会場計画――96
2　1964東京大会のレガシー巡り――99
3　まとめ――1964から2020大会へのバトン――131

第4章　夏季大会を開催した3都市を巡って
1　バルセロナ――136
2　シドニー――153
3　ロンドン――163
4　まとめ――3都市から東京へフィードバック――180

第5章　大会と都市の水辺の再生――臨海副都心とソウル大会を中心に
1　臨海副都心開発と2020東京大会――184
2　臨海エリアのレガシー巡り――190
3　ロンドンのドックランズ開発と臨海副都心――202
4　1988ソウル大会のレガシーと清渓川の再生――206
5　まとめ――水都・東京の再生に向けて――223

第6章 冬季大会について──長野大会のレガシーに学ぶ
1 冬季大会と会場計画の特徴──228
2 1998長野大会と会場計画──237
3 1998長野大会のレガシーの現在──251
4 まとめ─冬季大会の課題と今後──256

第7章 2020東京大会と今後の大会、都市
1 2020東京大会の開催と今後──262
2 2020東京大会の都市のレガシー──267
3 大会と都市の未来像──272
4 まとめ─東京を引き継ぐ──283

おわりに──300
主要な参考文献・資料一覧──303

第1章

五輪大会の歴史と会場計画

1 大会の歴史を概観

近代五輪大会は、120年以上に及ぶ歴史をもち、戦争をはじめ国際社会や経済、環境問題などの影響を受けながらも発展してきた。

過去に大会を開催した各国の「都市のレガシー」を巡る前に、この章では大会の基礎的な事項についていてみていく。

最初に大会の歴史を概観しながら、大会規模の拡大や環境問題とのつながり等について知ってもらい、次いで、大会開催を担う大会組織委員会や大会運営、オリンピックパーク（以下、OPパークという）などの会場計画手法について紹介する。

第2項の「大会運営と会場計画について」は、少し専門的な内容になるものの第2章以降で巡る各都市の会場計画を紹介する際に、予め知っておくと理解が深まるであろうとの思いから、冒頭に掲載している。難しいようであれば、はじめは読み飛ばしてもらっても構わない。

○大会規模の拡大化

近年の大会（本書では、他の競技大会などと区別して使う必要がないときは、オリンピック大会のことを五輪大会、もしくは単に大会と表記する。また、個別の大会は、開催の西暦数字と都市名で表記する。例：2020東京大会）の開催は、競技数で約30、種目数で約300近くある国際競技大会を一つの都市で、たった2週間という短い時間で実施する。

通常の国際競技大会の場合は、選手はそれぞれの国ごとに既存のホテルを宿泊に使用する。しかし五輪大会は、各競技の選手が各国のオリンピック委員会単位で選手団を構成し、1万人以上を収容する一つの選手村で過ごすことが大きな特徴となっている。

選手村の歴史は、1924年のパリ大会で誕生し、最初は既存の施設を利用していたものの、大会規模の拡大とともに、既存では収まらないため中層の集合住宅を新たに建設するようになり（主に大会後は、公務員住宅や公営住宅として利用を前提）、近年では高層化や共用施設の充実化がさらに進み、大会後は高級分譲マンションとして利用される傾向にある。

そして、各国の要人が臨席する中、8万人収容の巨大スタジアムで派手な演出の開閉会式の開催や、それらを世界にTV中継する国際放送センター（IBC：International Broadcasting Centre）と新聞などの記者の集まるメイン・プレスセンター（MPC：Main Press Center）の二つを合わせてメイン・メディア・センター（以下、MMCと表記）の設置など、通常の国際競技大会では考えられない規模の施設を要するメガイベントとなっている。

特に、民間のスポンサーシップや巨額のTV放映権料などにより商業主義化された1984ロサンゼルス大会以降、大会規模は右肩上がりに大きくなっている。

○大会規模の比較事例

大会の規模感の変化を掴んでもらうために表1に大会公式報告書に記載されている約120年前の第1回1896年アテネ大会と、約50年前の第12回1964東京大会、直近の第31回2016リオ大会の参加国・地域数、参加人数、競技種目数の比較をしてみる。**【表1】**

※詳細な夏季大会の全データは、章末**【表2（38頁）】**を参照

第1回の1896アテネ大会は、最初なので参考として1964東京大会と直近の2016リオ大会で比較してみると、この50年で競技数以外は、ほぼ2倍に膨らんでいることがわかる。

2倍といっても、まだピンとこないかもしれないが、先の選手村の次第に大きくて豪華になる建物の整備や参加選手、競技種目に応

表1：大会の規模比較

	参加国・地域数	参加人数	競技種目数
1896 アテネ大会（第1回）	14	241	8 競技 43 種目
1964 東京大会（第12回）	93	5,152	20 競技 163 種目
2016 リオ大会（第31回）	206	11, 237	28 競技 306 種目

じて、事前の合宿地や練習会場などもあてがうため、使う施設数も膨大な数になってくる。ちなみに、シドニー大会では競技会場数が39、練習会場まで入れると200以上の施設を使用している。

二度にわたる世界大戦や、その後の東西冷戦によるボイコットなどの影響で中止や参加国の数などの変動を除外して考えると、大会の規模は縮小することなく、拡大を続けている。

2020東京大会は、競技数だけでも33競技339種目とリオ大会を上回っており、過去最大規模の大会となる。しかも、3800万人（東京圏の定義にもよるが最大でみると）が暮らす過密な世界最大の巨大都市圏での開催である。

その分、大会関係者の輸送や警備などの大会運営もより難しいものとなる（実際には、新型コロナウイルスの影響で、ほぼ無観客での開催となり状況は大きく変わった）。

○整備される施設も拡大傾向

大会は『五輪憲章』において、国家ではなく都市が開催すると定められている。一方で五輪大会は、他の国際競技大会と比べると集客力があるので、開閉会式や競泳などの人気競技においては求められる観客席数が非常に多い。そのため、都市が所有する既存施設では対応できずに、改修や新たに会場となる施設を建設せざるを得ないケースが多い。

特にメインスタジアムについては1908年のロンドン大会で、はじめて大会開催を契機に新築されて以降は、ほぼ新設されるようになっている。

これに加えて、人気競技である競泳とバスケットボールなどの屋内競技を行う大型アリーナや近年屋内化の進む競泳用プールなども、観客席数が不足するなどの理由から新設される傾向にある。

もちろん、先の1万人以上が収容できる選手村にMMCといった大規模な施設整備も必要となる。

また、冬季大会でも同様に屋内化が進むスケート競技が多いため、複数のアリーナを一都市の狭いエリアに多数整備する必要となり、施設の大会後の利用を考えるとさらに悩ましい問題となっている（第6章で詳述）。

○大会の存続危機

第1回アテネ大会後、順調に規模を拡大してきたようにみえる大会も2度の世界大戦で中止を余儀なくされ停滞する。しかし、第二次世界大戦後は、1960ローマ大会から戦災復興も兼ねた大規模な都市開発型の大会手法が誕生する（第2章で詳述）。

続く1964東京大会（第3章で詳述）、少し間を開けての1972ミュンヘン大会と第二次世界大戦の枢軸国の都市復興と世界再デビューを飾るような大会が続くが、1972ミュンヘン大会の選手村で発生したイスラエル選手団殺害テロ事件と1976モントリオール大会での大会収支の大幅赤字、さらには1980モスクワ大会のソビエト連邦のアフガニスタン侵攻により西側諸国のボイコット運動につながるなど、大会存続の危機が訪れる。

続く1984ロサンゼルス大会では、東側諸国のボイコットが起こるが、民間出身の大会組織委員会会長ピーター・ユベロス氏の公費を投入しない商業主義化という、新たな大会開催手法によって息を吹き返し始める。

これは裏返しスポンサーシップと放映権という、巨額の民間マネーに大きく依存することとなり、大会の規模拡大や1988ソウル大会（第5章で詳述）での水泳などの人気競技の決勝時間がアメリカの放送時刻に合わせるために午前になるなど、選手ファーストからかけ離れていくこととなる。

また、ソ連駐在歴のある当時のサマランチ国際オリンピック委員会（International Olympic Committee の略で、以下IOCと表記）会長は、外交官出身の韓国の金雲竜氏と連携し、東西冷戦下の中1988ソウル大会で、一部東側諸国の参加を実現させた。そして、翌1989年のベルリンの壁崩壊という冷戦終結の流れともつながっていく、それは同時に世界のグローバル化の始まりとなる。そして皮肉にもグローバル化の進展による参加国数の増加は、大会の肥大化を助長していく。

環境問題、会場施設のホワイトエレファント化（「無用の長物」という意で用いられる英語の成句）、大会規模の拡大に伴うコスト負担などの課題が噴出し、近年では大会開催への立候補都市が激減し始めており、大会は再び存続の危機を迎え始めている。

○大会と環境問題

環境問題は公害などの局所的な地域問題から、次第に地球規模の問題へと拡大している。大会にかかわる環境問題も最初は、冬季大会のスキーコースなどの整備のため、森林を開発する問題を発端に、近年では大会規模の拡大によりメガイベントと化した大会そのものの持続可能性問題へと変化してきている。

１９７２年に民間のシンクタンク「ローマクラブ」は、第一報告書として『成長の限界』を発表。現在のまま人口増加や環境破壊が続くと、資源の枯渇や環境悪化により、１００年以内に人類の成長は限界に達するとの警鐘を鳴らした。

１９７６冬季大会が開催される予定だったアメリカのデンバーは、経済問題の他、環境保護団体からの強力な抵抗・抗議に遭って、大会開催を返上。開催地は、急きょ開催実績のあるオーストリアのインスブルックに変更された。

その後も大会は、さまざまな形で環境保全団体からの反対運動に遭い、ついに当時のサマランチＩＯＣ会長が、五輪ムーブメントに環境保全を加えると提唱している。そして五輪ムーブメントは、「スポーツと文化と環境」の３本柱となり、これまでの受け身の体制から積極的に環境保護に乗り出していくこととなる。

地球環境サミットが開催された１９９２年は、バルセロナ夏季大会とアルベールビル冬季大会が開催された。バルセロナ大会は、各国のオリンピック委員と選手たちがオリンピック大会において地球を保護することを公約した「地球への誓い：Earth Pledge」に署名して参加するということで、地球を意識した環境対策への取組を早くも開始している。

○環境から持続可能性、そしてレガシー重視へ

１９９６年には、『五輪憲章』に「持続可能な開発」が追加され、環境の概念は地球そのものの持続可能性の問題となっていく。

翌１９９７年は、気候変動枠組条約第３回締約国会議（ＣＯＰ３：Conference of Parties 3）で、京都議定書が採択。

２０００年に開催されたシドニー大会は、廃棄物で汚染されていたブラウンフィールド（Brownfield：いわゆる塩漬けの土地のこと。産業活動等に起因した汚染土壌の存在、若しくは存在する可能性により売却や再利用ができずに放置されている土地のこと）に巨大なＯＰパークを整備し、大会までに２００万本の樹木の植林や廃棄物管理の徹底、低公害車の導入など積極的な運営を行った。

また、競技会場の整備にあたっては、規模の大小問わずに必ず環境アセスメントを実施し、会場整備から運営に至るまで環境一色の大会を実現。この成功を機に、ＩＯＣは２００２年『五輪憲章』に「環境」を正式に加える。

そして、初めて持続可能性を重視して開催されたのが、２０１０バンクーバー冬季大会といわれている。大会組織委員会（ＶＡＮＯＣ：Vancouver Organizing Committee の略）は、持続可能性の観点からＯＧＩ研究（Olympic Games Impact Study の略）と呼ばれる大会が与えたプラスとマイナスの影響を大会開催前10年と大会後3年間に渡って調査する制度を導入し、計画段階から随時、「持続可能性の取組に関するレポート」を公表している。他にも環境に配慮した試みも数多く行われ、選手村や一部の競技場では廃熱を再利用し、アルペンスキーの会場では、カエルの生息地の保全に取り組んでいる。

バンクーバー大会の取組を継承した２０１２ロンドン大会は、「環境」から「持続可能性」、そして「大会後のレガシー」までの概念を一つにつなげることに成功し、現在につながるモデルとなった。

ＯＰパークなどの競技場・関連施設が集中する予定となっていたロンドン東部地区は、18世紀の産業革命以来、工場やプラントなどが集中していた。そのため、鉛、ガソリン、有毒な化学物質などによる土壌汚染が発生し、住民の不安が高まっていた。そこで、最新技術を用いた土壌洗浄装置を使用して浄化を行い、利用可能な土地に再生した。大会準備にあたっては「ロンドングリーン・ビルド２０１２」という取り組みが実施され、五輪スタジアムの屋根は不要になったガス管を再利用している。他にも屋内競技場となった自転車競技は、ほぼ１００％の自然換気で、エネルギー消費を抑えるために自然光を使うなどの環境対策も施されている。

そして、イギリス発祥の国際規格認証機構により持続可能な大規模イベントの「ＩＳＯ２０１２１シリーズ」

までもが誕生しており、環境から持続可能な大会、そしてレガシーに向けての一連のつながりの礎を築いたのである。

このように環境対策は、発展的な流れを生み出してきたものの、一方でその後の２０１６リオ大会、２０２０東京大会と大会規模は確実に拡大し続けており、それに比例するように開催費用や環境への影響も拡大傾向にある。

特に開催費用問題は、民主主義が成熟している都市であるほど、税金投入や大会運営に伴い日常生活への支障が出ることへの懸念なども加わり、市民の反対を受けて大会開催へ立候補のできない事態が生じる傾向にある。

２０２２年の冬季大会の招致レースは、ミュンヘン、スイス、ポーランドは住民投票により、２０２２年大会の招致を断念した。その後、内戦状態に突入したウクライナが招致を取りやめた。レースの有力候補だったオスロは、政府から招致の支援を得られず撤退した。

五輪大会のアジア開催が続くなかカザフスタンのアルマトイと北京の2都市は、前評判が低かったにもかかわらず候補都市として残り、北京が僅差で勝利を収めた。

こうした危機的状況を避けるため、ＩＯＣのバッハ会長は『五輪・アジェンダ２０２０』※として知られる40項目の改革案を２０１４年に策定している。この改革には招致プロセスの簡略化や五輪開催費用の削減などの施策も含まれている。

※『五輪・アジェンダ２０２０：Olympic Agenda 2020』は、２０１４年12月にモナコで行われた第１２７次ＩＯＣ総会において採択された20＋20の改革案。これら40の提言は、オリンピックムーブメントの未来に向けた戦略的な工程表を示しており、全文が日本語訳され、ＪＯＣのホームページで閲覧可能。

その後の２０２４年の大会開催都市決定レースには、ＩＯＣバッハ会長の地元であるドイツのハンブルグが立候補した際、五輪招致の是非を問う住民投票が２０１５年11月に行われた。結果は反対派が過半数（約51％）を占め、途中で招致レースを断念せざるを得なくなったことは衝撃的であった。

また、２００４アテネ大会と２００８北京大会の終了後に使用されなくなってしまった施設群が廃墟化している様子がマスコミで報道されるなど、大会の持続可能性が問われる事態も顕在化している。

そこでＩＯＣは、都市が立候補する段階で大会が与える影響について先に紹介したＯＧＩ研究などにより予め調査し、対策を施すことを義務化するようになったのである。

このように大会が、あらゆる意味でメガイベントであるがゆえ、必然的に環境配慮や大会開催を契機に新設される施設の大会後の利用を含めた「持続可能性とレガシーの創出」をより強く問われるようになっている。

2 大会運営と会場計画

大会の歴史について、主に大会規模の拡大を背景に環境問題からレガシー重視路線へと変化していく大きな流れについてみてきた。本書の第２章以降からは、過去に大会を開催した都市の会場計画と都市に継承されているレガシーを巡っていく。その際の予備知識として、大会運営や競技会場の計画手法について紹介する。

○大会運営と競技会場等の計画

大会はＩＯＣの『五輪憲章』に基づき都市に開催を委ね、開催都市は大会を運営するための専属組織を設置する。この組織が大会組織委員会（以下、組織委員会と表記）である。組織委員会の構成は、その国の統治形態や都市の規模などの要素が複雑に絡むため、一概には言えないものの、国と開催都市と民間企業のコンソーシアム（共同事業体）方式が主流である。

大会の会場計画は、ベニューマスタープラン（以下、会場全体配置計画と表記）の策定にはじまり、個々の会場の関係者への食事の提供など細かな運営に至るまで、常に会場整備部門と会場運営部門と一体で進められる。

大会運営を担う組織委員会は、ＩＯＣのオリンピックガイド（旧テクニカルマニュアル）に基づき会場運営方針などを定め、会場となるアリーナなどの既存施設の改修や、新規に建設する恒久的に残る施設の整備を担う開催都市などと、施設の仕様が大会要件に合うように調整を図っていく。

五輪大会はスポーツの国際競技大会を、一つの都市に分散した各会場において同時並行的に実施される。

そのため、競技スケジュール調整やセキュリティ、ドーピング検査などの大会運営にかかわる各機能をそれぞれ統括する中央本部的施設も必要となる。そこから通信で各会場を結び、会場毎の進行をコントロールし、観客移動の調整や大会サービスの一体性を確保している。

【図1】

２０１５年2月に公表されている『大会開催基本計画：Games Foundation Plan』によると２０２０東京大会の組織委員会は、大会運営を以下の6分類にしている。

①大会プロダクトと経験
②クライアントサービス
③会場とインフラ
④大会サービス
⑤ガバナンス
⑥コマーシャルとエンゲージメント

そこから開催都市の特性などを踏まえ、さらに（例えば①であると競技、セレモニー、ライブサイト、聖火リレーといったように）機能別に細分化してファンクショナル・エリア（Functional Area、以下、ＦＡと表記）と呼ばれる組織を設置する。

このように細かく担当分野を分けることで、責任を明確化し、より効率的な連携を図るとともに、着実に準備を進められるのが、ＦＡの最大の特徴といえる。システマチックに任務を遂行するローマ帝国の軍隊のような機構によって、メガイベントをマネジメントする実に欧米的な発想となっている。

ＩＯＣは最初の数年間、組織委員会のＦＡごとにナレッジ・マネジメントを行い、運営計画の作成を指南する。そして直近の大会開催時には、直近大会の組織委員会から実際に生の大会運営の経験を現場で積むためのセミナーなどを開催する。組織委員会は、自分たちの大会運営計画を、実際の大会経験などを踏まえてブラッシュアップしていく。

図1　大会概念図

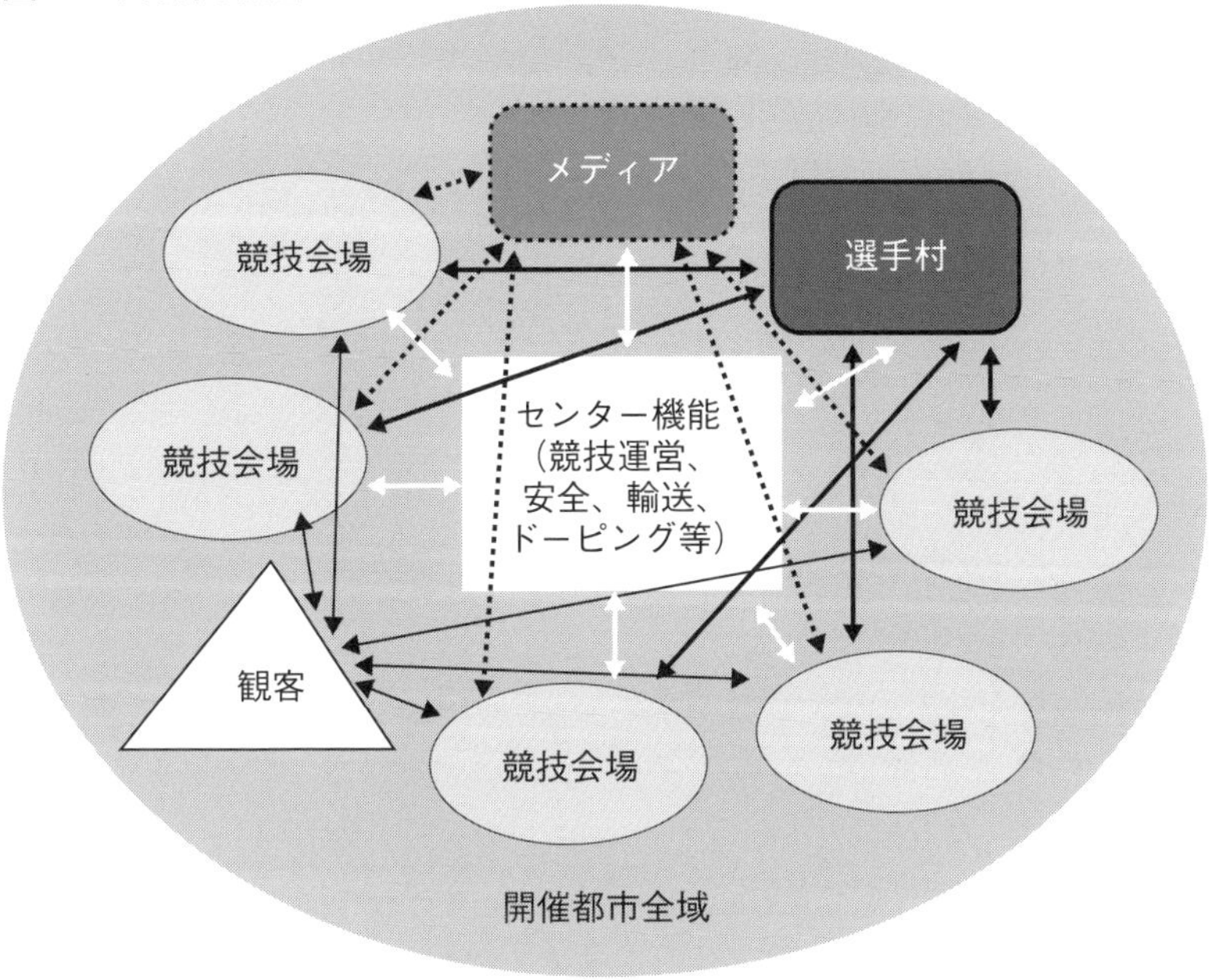

２０２０東京大会では、52のＦＡに分かれている。ＦＡの中でも特に会場の施設やインフラを整備する会場＆インフラチームは、施設整備に時間を要するため、大会開催決定直後から会場設計の与条件整理をしていく必要がある。

そのため、大会開催までの7年間の前半戦を、自分たちも大会開催のノウハウが浅い中で、競技運営やメディア、輸送といった会場に関係の深い他のＦＡをリードしていかなければならないので大変である。

そして、前大会（東京の場合は２０１６リオ大会）が終わると、徐々に運営体制を整えはじめ、大会2年前くらいになると各会場の施設整備も終息してくる。今度は競技運営などのＦＡがリードし始め、大会開催の半年前には完成した各会場に入る。そして会場責任者がリーダーとなって、会場単位のチームに分かれて運営訓練を積んでいくことになる。

このようなオリンピック特有の運営ノウハウを、組織委員会や開催都市に7年間かけて段階的に伝授しながら、大会の準備状況を進行管理し、大会の質やブランド価値を保ちながら、オリンピズムを広める活動をしているの

図２　会場集約パターン

●競技会場の基本形イメージ図

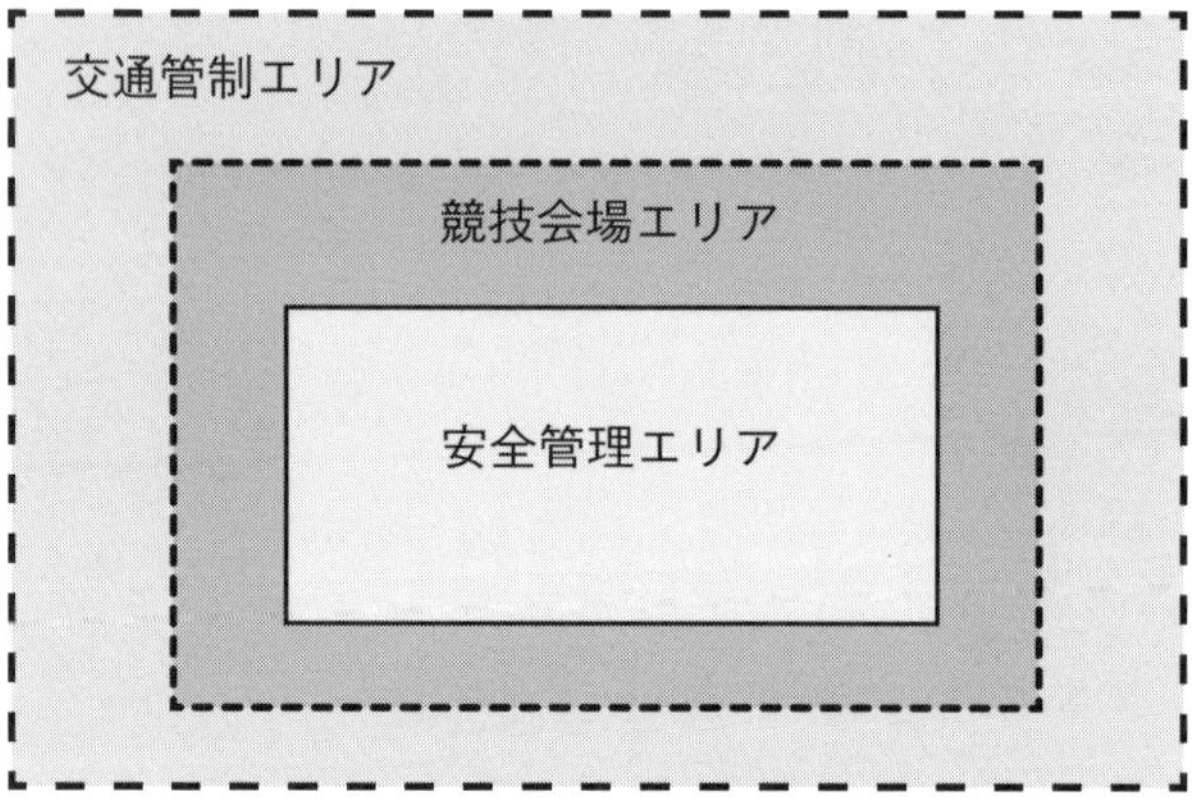

●クラスター方式（安全管理以外のエリアの共有）のイメージ図

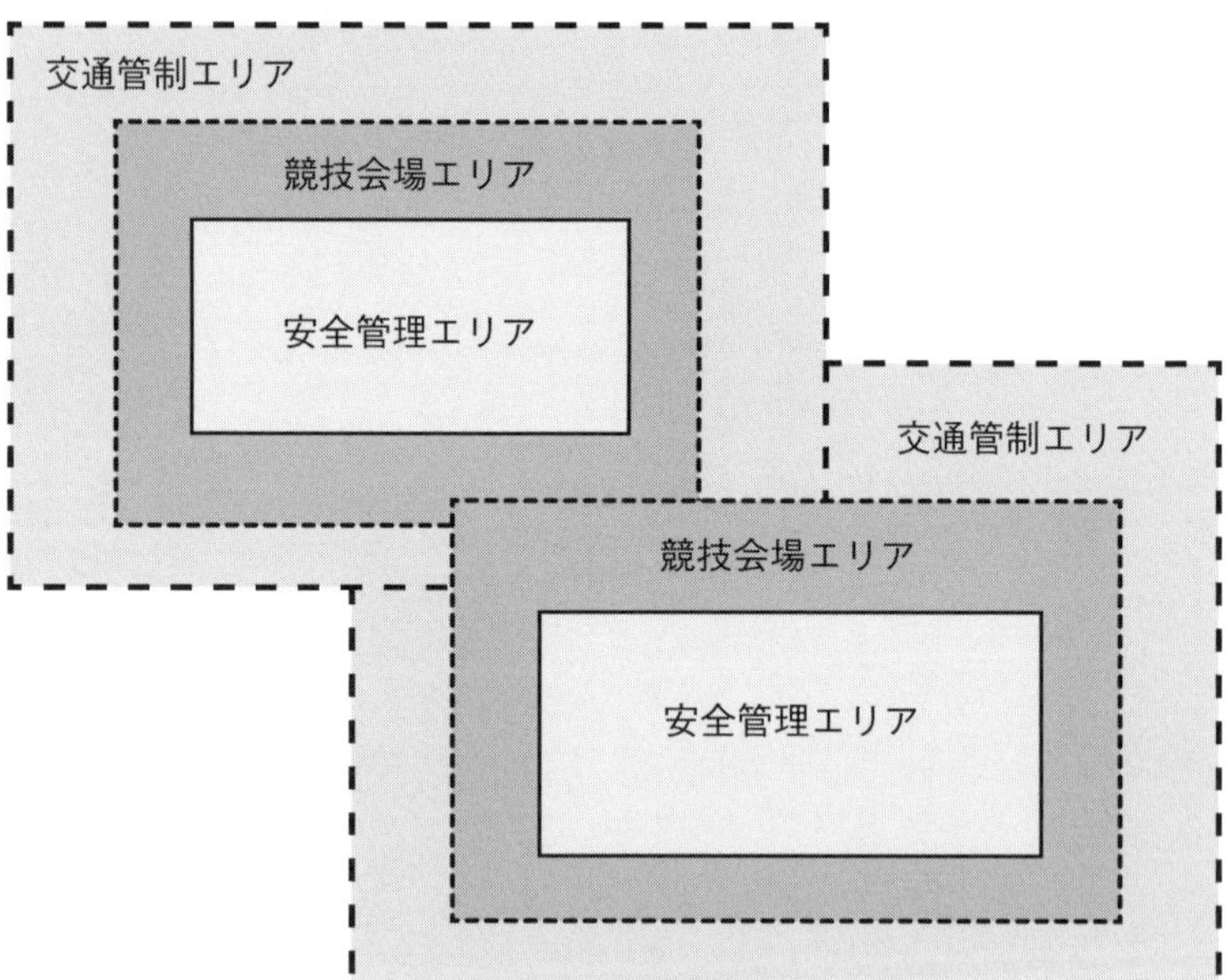

●プリシンクト方式（安全管理エリア共有）のイメージ図

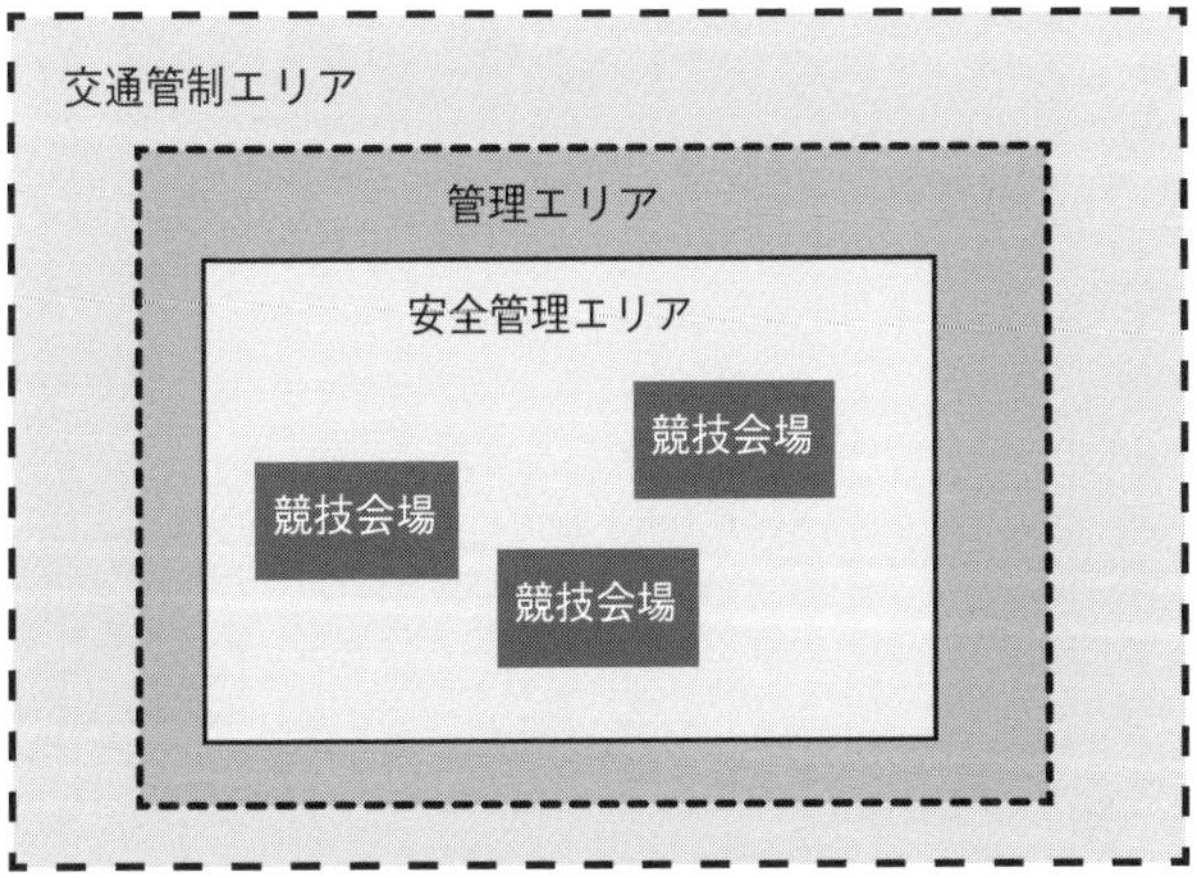

●オリンピックパーク方式のイメージ図（プリシンクトの発展形）

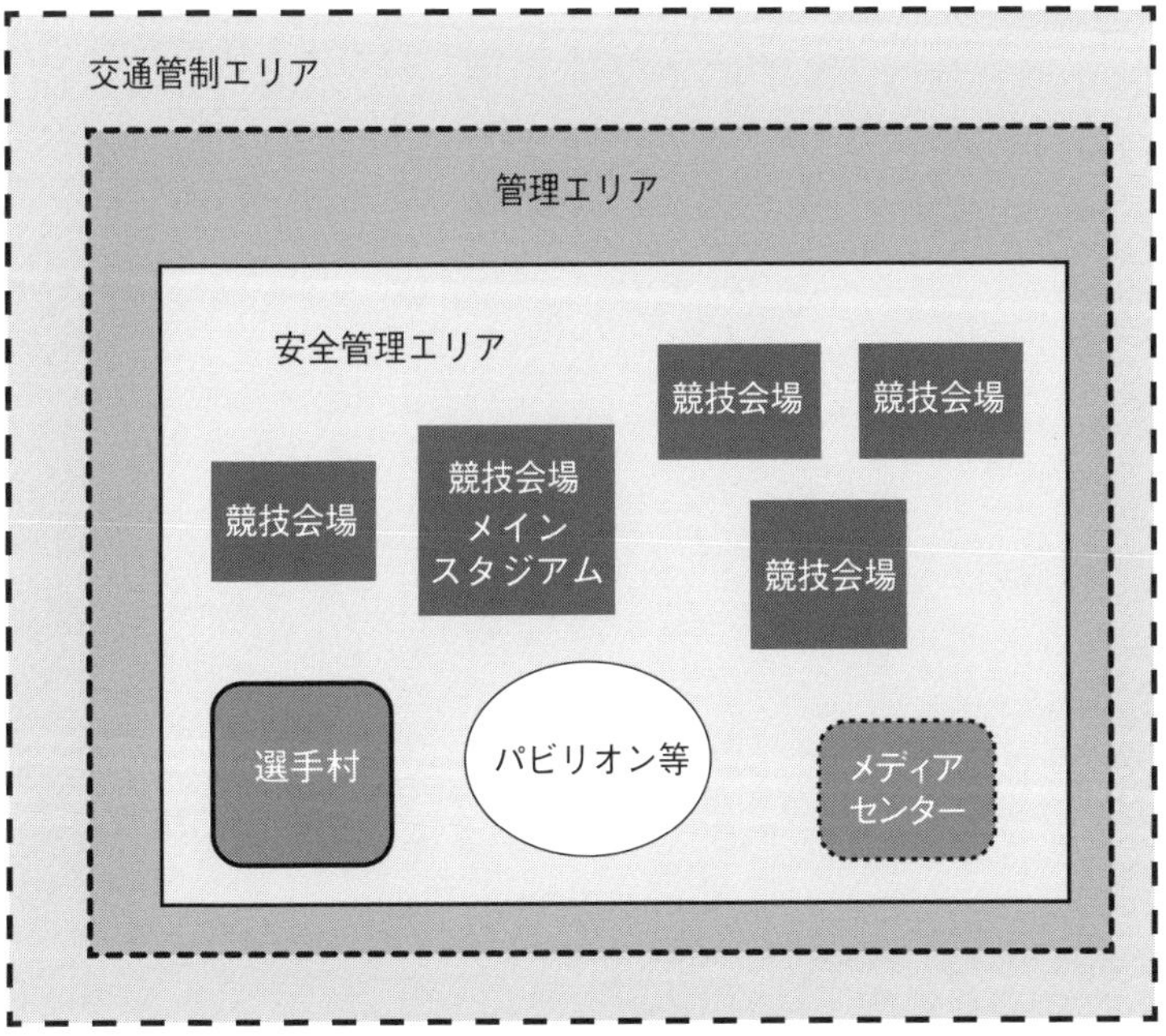

がIOCという組織である。

○会場集約のパターンとOPパーク

競技会場の計画には、大会を運営するためのセキュリティや大会関係者（VIPや選手、役員等）を会場まで車で送迎する（以下、輸送と表記）ための動線※計画など、様々な制約がある。単独会場以外に競技会場エリアを共有して効率化を図ることをクラスター（コロナウイルスの猛威で、別の形で有名になってしまった言葉、本来、建築計画学の中ではブドウの房のように、学校建築などにおいて学年単位に教室をまとめるなどの時に使う）と呼び、さらに安全管理エリアを共有して効率化を図ることをプリシンクトと呼んでいる。【図2】

※動線とは
日常生活や仕事などで、建物内を人が移動する経路を線で表したもの。建築計画の際に、考慮される一般的な人の動く経路のこと。

このように数ある会場をできる限り一つのエリア内にまとめることができれば、セキュリティや選手、物資輸送などの大会運営効率の向上を図れる。さらに、先に紹介した巨大なメインスタジアム、選手村、MMC（以下、この3つの施設を3大施設と表記）も一か所に集約できれば、大会関係者の移動に公道を使わずに済むので格段に効率化され、結果として開催都市の道路などへの負荷を軽減できる。

大会にとって開閉会式は最も壮大なイベントであり、各国の要人はもとより、これに参加する選手団の移動も最大の輸送となる。また、MMCからは、各競技会場へ単にメディア関係者が移動するだけでなく、逆にMMCにある各国の仮設TV放送スタジオでのメダリストへのインタビューなどを放送する場合もあり、選手たちのスタジオへの移動なども発生する。

このように、3大施設と複数の競技会場を一か所に集約しプリシンクトを構成しているものを、明確な定義はないものの本書では、OPパークと称する。

1964東京大会でも、第二会場と呼ばれた都立駒沢オリンピック公園（以下、駒沢公園と表記）をイメージできる。しかし、駒沢公園にはメインスタジアムもなく、選手村もない。そのため、厳密には、単に競技会場を集約したクラスターと言えよう。選手村なども一緒に整備された最初のOPパーク方式が採用された大会は、1972ミュンヘン大会と言われている。

また、過去大会のOPパークには、大会の3大人気競技と呼ばれる、陸上競技（Athletics：アスリートの語源）、水上競技（Aquatics：水泳系競技全体の総称）、体操競技（Gymnastics：ジムの語源）の会場もOPパーク内に設け、大会の盛り上がりにも一役買っていることが多い。

この3大人気競技は、競技種目が多いために出場選手も非常に多い。また、同時並行的に競技が進行するため、テレビ中継カメラなどの機器やスタッフも多く運営がとても大変となる。

そのため、OPパーク内に配することができると選手やメディアの移動の効率化も図れる。過去大会では、3大人気競技が揃わずとも陸上のメインスタジアムと競泳会場か、体操のアリーナが隣同士にあることが多い。

人気競技の国際大会が、同じエリアで同時開催されること自体が古代五輪のように祝祭性を高め、大会の価値を演出してくれるからである。

他にも、OPパーク内には、開催国を紹介する展示施設、食堂、大会グッズの販売パビリオンなど万国博覧会的な要素もあり、単に競技観戦だけでなくお祭り気分を味わえる。

大会運営については、良いことばかりのOPパークではあるが、公共交通機関での移動を原則とする観客の利用駅の分散化などが難しくなる。また、とても巨大であるがゆえ建設の場所探しからはじまり、土地の取得、整備費用確保、大会後の維持管理などのハードルは大きい。単に国際メガイベントの開催だけでなく、その後の都市づくりに対する大義がなければ整備することは難しい。

○OPパークの整備事例と大きさ比較

OPパークといっても整備の背景や規模もまちまちである。OPパークを整備する場所は、最初は第二次世界大戦で破壊され放置されていたような場所であったが、次第に都市のスラム化したエリアを大規模再開発（スラムクリアランス）する手段として利用されるケースが増えている。また、環境に対する意識が高くなってきた近

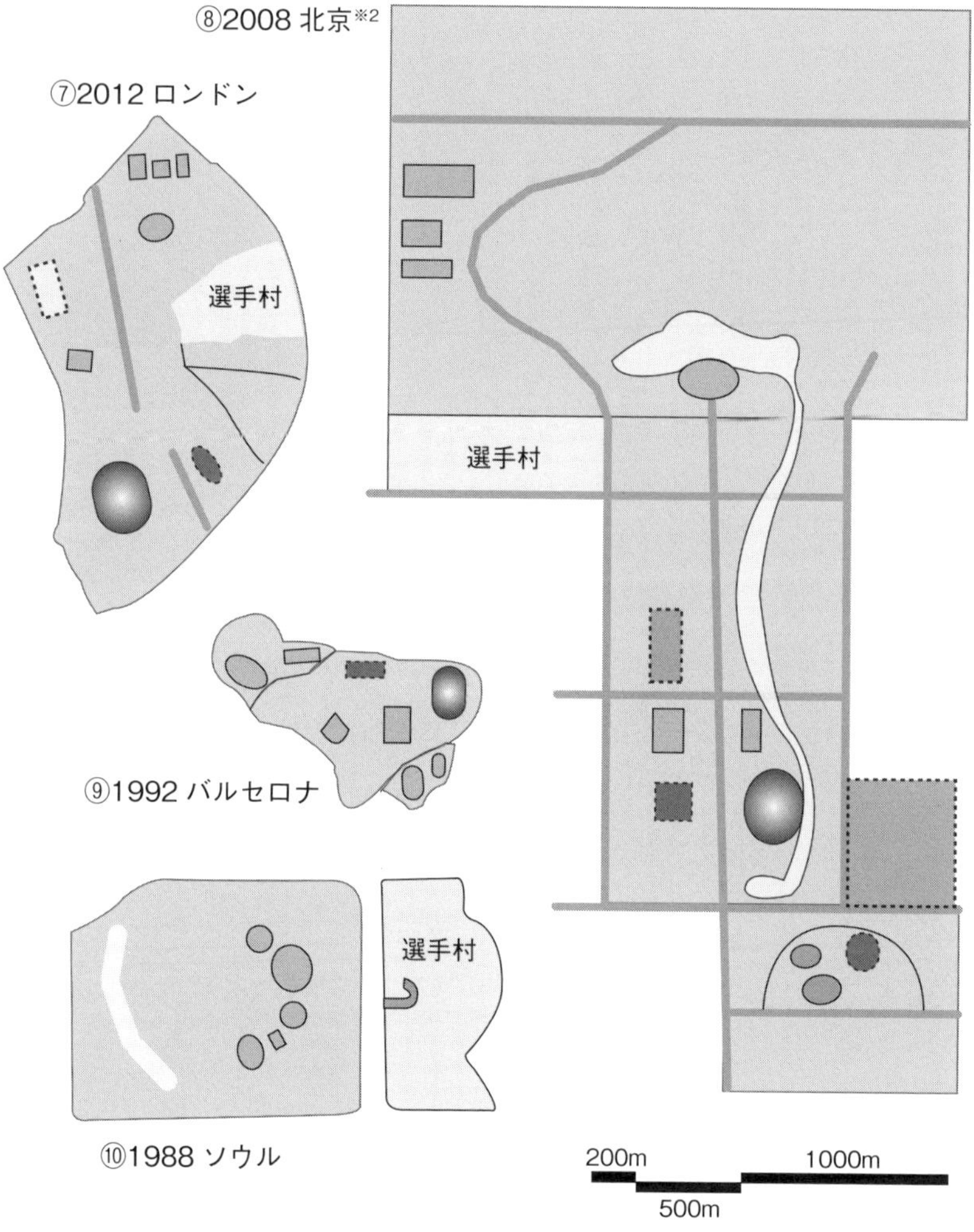

選手村　選手村
メインスタジアム
メインプール
メイン・メディア・センター

※１⑥2000 シドニーの選手村は隣地内に仮設で整備されている
※２⑧2008 北京はメディア村も含む
※３臨海副都心や豊洲市場は同一スケールでの規模比較のため参考に掲載

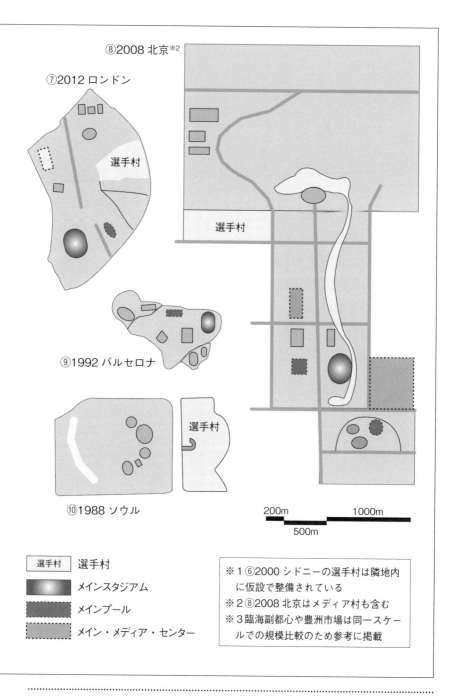

図３　OP パーク規模比較図

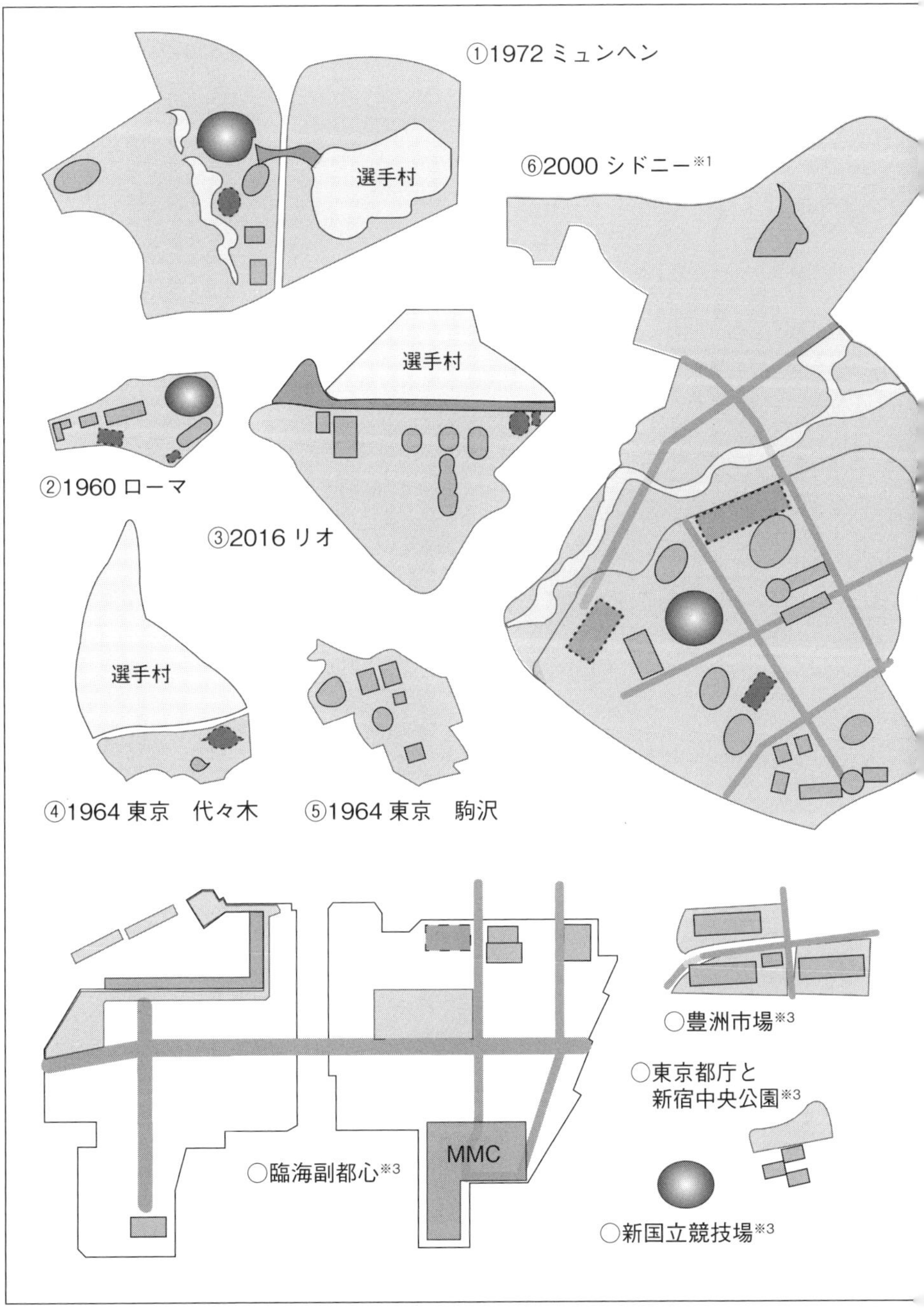

年では2000シドニー大会や、シドニーを手本とした2012ロンドン大会のように、大規模なブラウンフィールドの再生に利用されるようになっている。

それでは、過去大会におけるOPパークの規模についてもう少し詳しくみてみよう。

建築や都市計画の世界では、新しい施設を計画する際に、その規模感を掴むために同一縮尺（same scale：以下、セイムスケールと表記）の配置図や立面図で比較するセイムスケールという方法がある。このセイムスケールで過去大会のOPパークの略図を作成してみたので、参照してもらいたい。【図3】

過去大会では、2000シドニー、2008北京大会の規模が突出して大きい。競技会場の集積度では北京が最も高く、次いで、2012ロンドン、1972ミュンヘンという順になる。

この4つのOPパークがメインスタジアム、選手村、MMCをも含まれた完全なOPパークとなっている。1988ソウルや1992バルセロナ、2016リオなどの会場全体計画は、いくつかのクラスターに分かれており、そのうちの一つが選手村を抱えているなどして、比較的OPパークに近い形を成している。

1964東京大会の第二会場であった駒沢公園は、選手村やMMCなどはないものの、その立地の良さからか50年以上たっても、今でも地域に愛される運動公園となっている。

他にも、OPパークの規模感を知ってもらうために、豊洲市場などの大規模施設やエリアをセイムスケールで比較している。

1964と2020の二つの東京大会は、OPパークを整備している都市よりも会場が分散している。しかし、2020東京大会は臨海副都心域に7つの競技会場と選手村、MMCまでもが集まっている。

臨海副都心エリアは、大会運営において、公共交通の少なさによる観客のアクセスや、セキュリティ上の課題などもあるものの、レガシー目線に立つとOPパーク的なエリアとしてもみることができよう。

○整備が必要な施設について

1896アテネ大会からしばらくは、既存施設を使用

写真1　ロンドンのOPパーク

しての開催であったが、大会のために最初に施設を整備したのが、1908ロンドン大会である。ホワイトシティスタジアムと呼ばれるメインスタジアムを建設しており、その後ほとんど大会用のスタジアムが建設されている。

次いで、1932ロサンゼルス大会でメインスタジアム以外の選手村や競技会場も建設されるようになる。しかし、新設された最初の選手村は、男子のみであり、女子は既存のホテルを利用したという。

さらに1960ローマ大会では、単独の施設だけでなく都市計画と大会が融合し、大会開催を契機に、道路や都市の再開発をする流れが生まれる。1964東京大会では、道路以外も含めた鉄道などの公共交通インフラ整備までもが加わってくる。

そして、1972ミュンヘン大会は280haに及ぶ広大なエリアを開発する先のOPパーク方式にまで進化した。

その後は、2度目の開催のため既存施設活用型大会となった1984ロサンゼルス大会を除き、開発型の大会が続く。中でも1992年のバルセロナ大会は、会場を4つのエリアに分散し、各エリアの特色を活かした都市全体の大改造と連動しながら大会を開催しており、新たな成功モデルとなっている（第4章で詳述）。

大会開催に必要な競技会場は、競技種目によって大きく屋内と屋外会場にわかれる。

屋内は、ほとんどが大規模な客席付きの体育館やコンサートも行えるようなアリーナ系施設で、屋外はサッカー場のようにスタジアム形式のものと、ボートやヨットのように自然環境そのものを利用するもの、マラソンや自転車競技のように都市の公道そのものが会場となるなど様々である。

競技会場ではない施設の中で規模が大きくて重要な3大施設や、他にも通称ＩＯＣホテルと呼ばれるオリンピックファミリーホテル、遠方会場に設置する選手村の分村（民間の宿泊施設を借り上げ利用）、練習会場、都市内に設置するライブサイト、組織委員会の本部、各輸送拠点、入出国空港やその他の港通関手続き場などまで含まれる。

また、施設と呼ばれるものは先にも紹介した中央化された機能を持つ、大会運営全体を統括するメインオペレーションセンター（ＭＯＰ）、大会関係者輸送拠点、メイン流通センターなど多数ある。

さらに、大会運営のための運営コマンドセンター、セキュリティコマンドセンター、大会開催期間中に発生した「大会運営に影響を与える会場外でのアクシデントについて、関係組織が共通の情報を基に事前調整等を行う場」として都市運営コマンドセンターと呼ばれるような機能も必要となる。

ちなみに２０１２ロンドン大会では、ロンドン・コーディネーションセンターに自治体や組織委員会の代表者が集まって、事故等情報を共有し、必要な判断・対応は各々の機関に下して意思決定をしている。

○会場計画の基本事項

大会の会場計画は、大会運営にとってとても重要な要素となる。大会招致段階にコンセプトや骨格が形成されているものなので、開催が決定して以降は、最初の計画を大会運営方針に合わせてブラッシュアップさせていくことになる。

また、施設を整備する場合は、新設か既存施設の改修か、仮設といった整備手法も異なる。先に触れたように大会開催を契機に新設整備された施設が使われずに放置されている事例が多発していることを踏まえ、ＩＯＣは既存施設の活用、既存が使えない場合は新設するが、それも仮設か恒久的に使用するかを大会後の利用形態などから慎重に選択するよう強く助言するようになっている。

２０２０東京大会は、選手村を中心に半径８㎞以内の選手ファーストでコンパクトな会場計画が売りであった。既存施設を最大限活用（当初４割から６割へ増加）する会場変更により、会場は多少分散したものの、今でも十分にコンパクトであると言えよう。

会場計画は、大まかに基本計画、基本設計、実施（詳細設計）という、通常の公共施設整備と同じようなプロセスをたどる。

通常の施設整備と異なる点は、大会時の膨大な観客を収容するための仮設スタンドなどを必要とすること。また、８つの大会に関するクライアント

①選手・ＮＯＣ（National Olympic Committee：国内オリンピック委員会）

②ＩＦ（International (Sports) Federation：国際競技連盟）

③マーケティングパートナー（スポンサー企業関係者）

④五輪ファミリー（主に要人）

⑤ＯＢＳ（Olympic Broadcasting Services：五輪放送機構）／ライツホルダー（放送権者）

⑥プレス（記者）

⑦観客

⑧大会運営スタッフ

と呼ばれる大会関係者毎に、人や車両の動きに重なりがないように動線を計画することである。

大会を運営する上で必要なオーバーレイと呼ばれる仮設施設の規模や配置を決めていくことも特徴的である。

基本計画では、ＩＦの競技ルール（コートの大きさや控室の大きさ等）を守りながら、各クライアントそれぞれの動線確認と仮設テントなどのオーバーレイがスペースに収まるか徹底的に検証をする。

基本設計では、調達する仮設資材などの種類を確定し、実施設計では、数量やコストが正確に積算できて、工事の施工ができる詳細な情報にまで図面や仕様書を仕上げていく。

そして、会場毎にこのプロセスを経ながらプロジェク

トの全体予算を精査していく。大会の予算は、招致時の想定以降、大会準備の進捗に応じて大会の5年ほど前のバージョン1から直前のもの（2020東京大会では1年延期に伴い、バージョン5）まで毎年精査されていく。

はじめは、最も時間を要す新設の恒久施設の施設整備費関係が注目されるが、徐々に大会運営にかかわるものがクローズアップされていく。運営にかかわるものは、各大会のコンセプトや運営方針に応じてグレードが決まる。

例えば、選手村のベッドの毛布のデザインや質、持ち帰り可能とするかなど決めることは計り知れないほど多い。選手村に滞在した経験のある選手は、「オリンピック特有の他の競技の選手と同じ施設で寝泊まりし、いつでも好きな時に食事を食べられ、記念に毛布などのグッズを持ち帰ることのできる」特別な経験をもう一度味わいたくて、大会を目指すという話もあるという。

○大会の競技と施設整備の関係

大会で実施される競技は概ね大会開催年の合間に世界陸上や世界水泳といった世界選手権を開催するサイクルとなっている。今回の新型コロナウイルスの影響で大会が史上初の1年延期となった際にも話題となったが、世界のスポーツは五輪大会をベンチマークに構成されている。

そして、ほとんどの競技団体は、自らが主宰する世界選手権やスポンサー収入などだけでは経営が厳しい。しかし、五輪大会の競技種目であればＩＯＣから多額の助成金をもらえる。そのため、競技団体にとって大会の競技種目であることは、単に自らの競技を世界に知ってもらうだけでなく、組織経営にとっても重要な要素となる。

2020東京大会の追加競技を選定している頃、古代五輪大会からの伝統競技であるレスリングの競技団体の体質改善が進まずに、五輪競技から外されそうになる事態があった。結局、世界レスリング連合は必死で組織改革を促し、新規参入を狙う競技と争って何とか五輪競技に残った。

国際的に幅広く競技人口が多く、単独で大規模な世界選手権（ワールドカップ）を開催できる競技は、サッカーくらいであり、多くの競技団体は厳しい経営状況に置かれている。

また、競技人口に世界的な偏りがあるマイナー競技は、

写真２　ロンドン大会競泳会場　アクアティクスセンターの大会後の外観

写真３　ロンドン大会競泳会場　アクアティクスセンターの大会後の内観

大会を契機に競技を知ってもらうと同時に、新たな競技人口を増やすチャンスともなっているので必死である。

２０２０東京大会では、選ばれた日本のお家芸の一つでもある空手も、残念ながら次の２０２４パリ大会では、早くも選考から落ちてしまっている。

このような背景があるため、例えば２００４アテネ大会の野球場、２００８北京大会のカヌー場、２０１６リオ大会のゴルフ場のように、もともと開催国に競技人口の少ない競技は、大会後の競技が根付かずに、大会後まもなく建設されたばかりの専用施設が閉鎖され廃墟化し

図４　ロンドンＯＰパークのメインスタジアムとアクアティクスセンター（大会時）

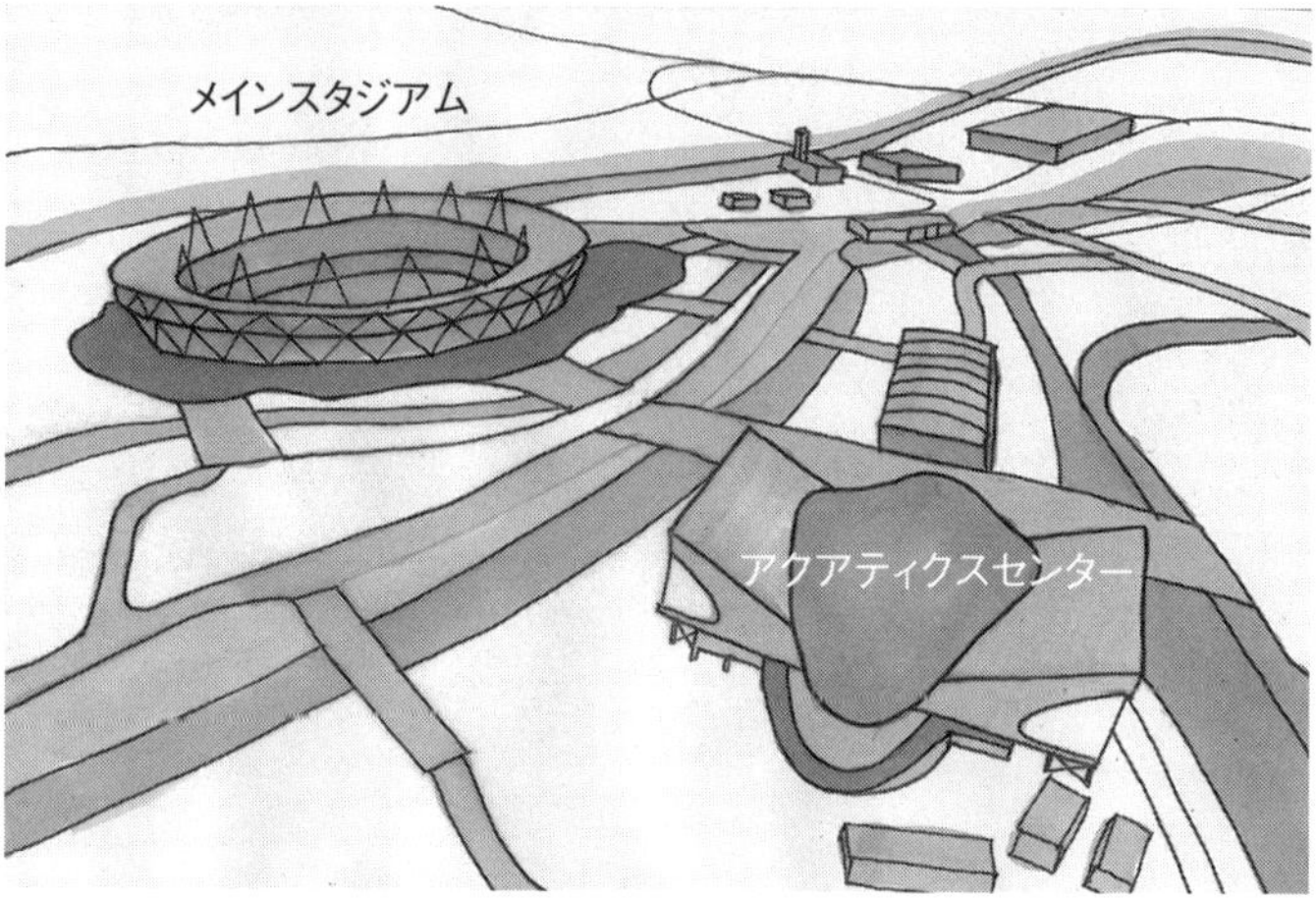

図５　ロンドンＯＰパークのメインスタジアムの仮設スタンド

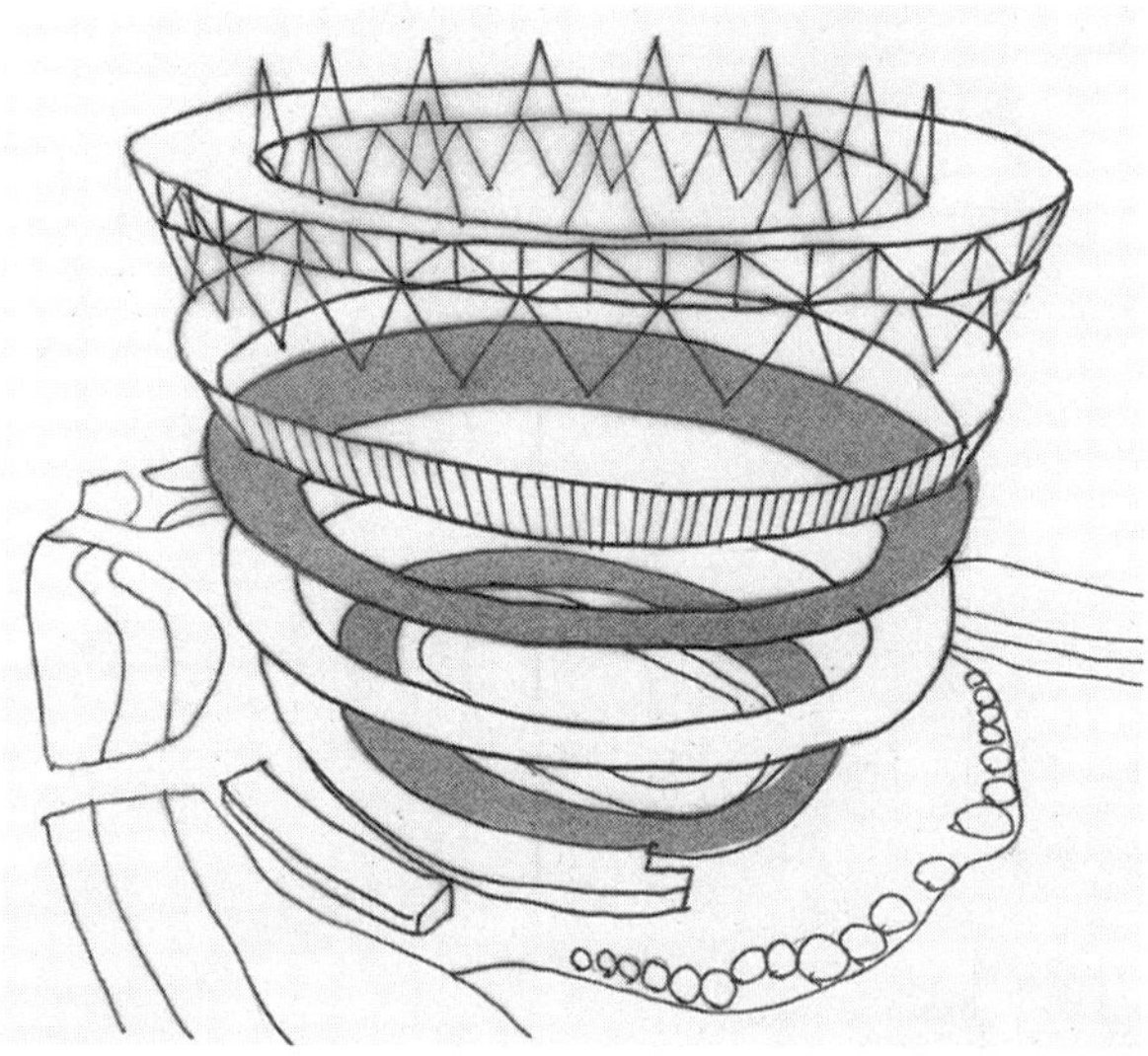

■ 大会時のみ仮設で増設された観客スタンドを示す

てしまっているのである。

ＩＯＣもこのような事態を避けるため、大会後の利用から逆算して、恒久施設とするか、仮設とするか招致計画段階から検討することを強く推奨している。２０１２ロンドン大会は、大会後の利用から恒久か仮設かを慎重に検討した結果、ロンドンの街になじまない施設は仮設として整備して成功したと言われている。

また、ロンドンは新規に建設した水泳場であるアクアティクスセンター（建築家ザハ・ハディド氏設計）などの恒久施設でも、大会時に一時的に必要な客席などは仮

図６　アクアティクスセンターの大会時と大会後の外観

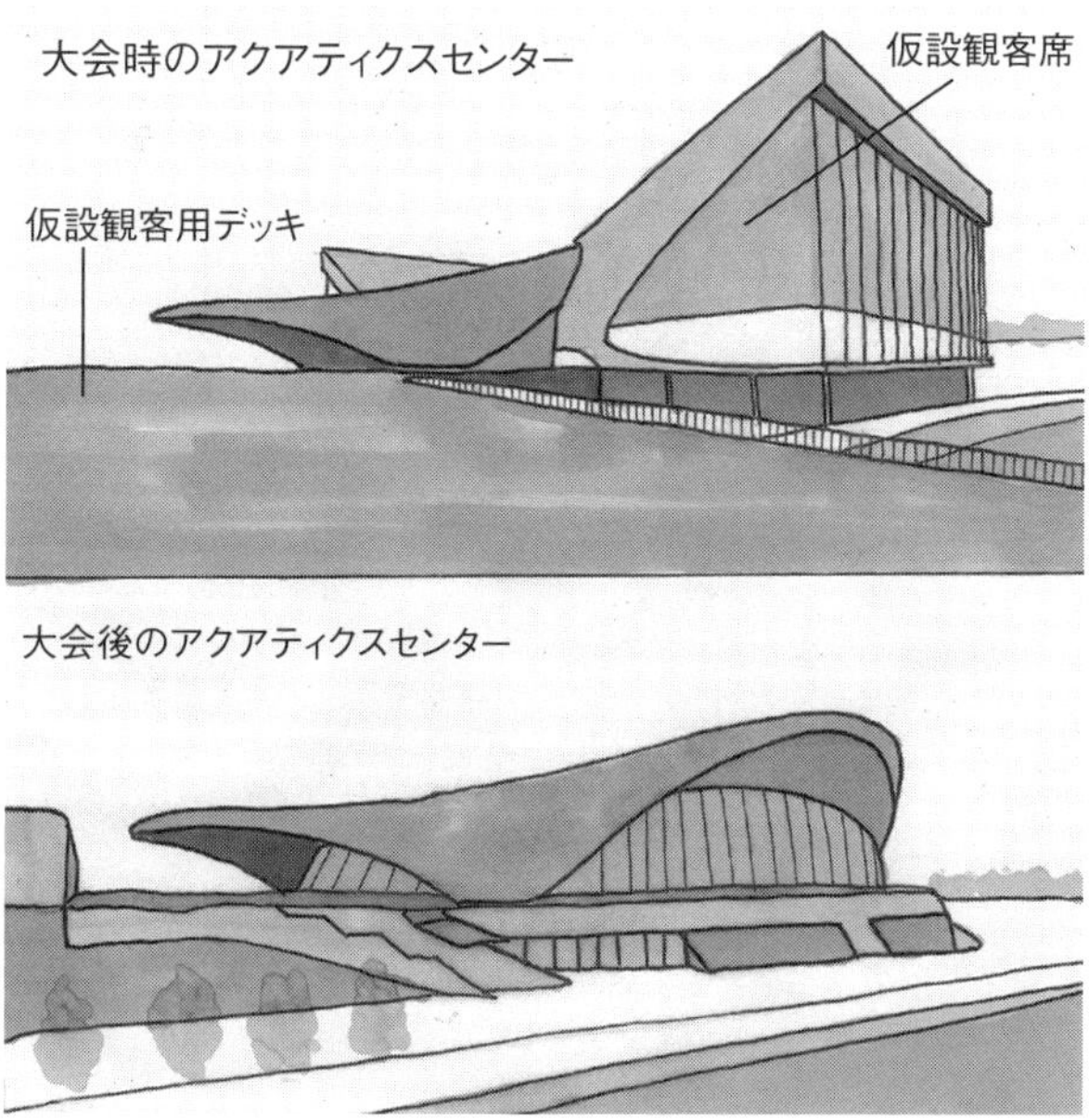

図７　アクアティクスセンターの大会時と大会後の断面図

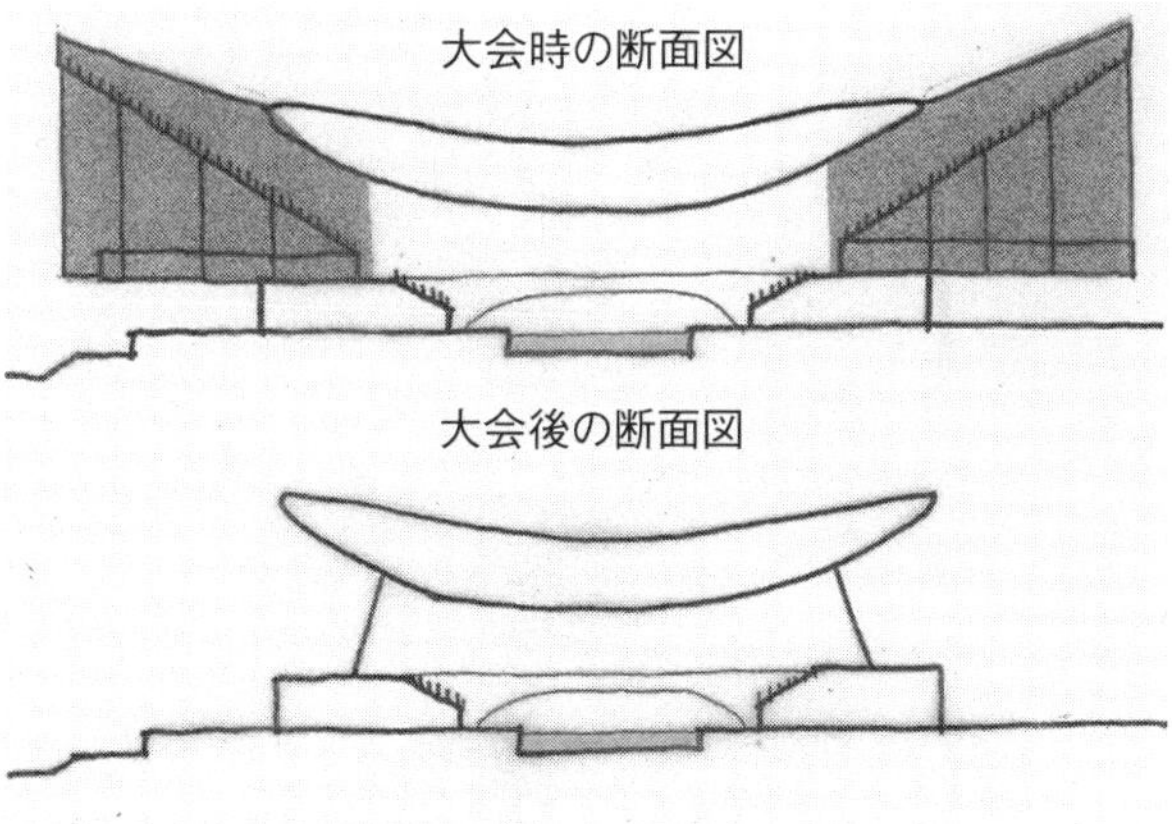

大会時のみ仮設で増設された観客スタンドを示す

設として、恒久的に使用する施設の床面積や体積を小さくすることで空調費用などの維持費削減に成功している。

さらに、2012ロンドン大会は、大会後に施設を運営する事業者も大会前に早めに決めている。大会後施設を速やかに市民に開放できるように努め、公費で建設された施設を市民に1日でも早く還元することにまで配慮している。

○新設する施設整備の特徴

大会開催を契機に新設する施設については、大会時に必要となる仕様と大会後に必要となる仕様を平行して考えながら計画を進める必要がある。

とにかく目立つイベントであるがため、VIPの多さやテロの標的になる可能性の高さから、IOCの求める高いセキュリティ対策のためのスクリーニングエリアの確保や、関係者輸送スペースの確保（観客以外はすべて車での移動を原則）、観客の収容人数の多さから客溜まりの確保も必要となるなど、大会仕様は広いスペースを必要とする。

大会時に必要となるもので、例えば観客席などのように大会後の通常使用ではオーバースペックになるものについては、大会後に撤去できる仮設で対応することを基本とする。2000シドニー大会や、先にも紹介した2012ロンドン大会は、水泳場のスタンドを仮設としたり、バスケットボールアリーナそのものを完全に仮設とするなど有効に活用している。

競技運営については、IF（国際競技連盟）とNF（国内競技連盟）とそれぞれ協議を行い、大会運営上の問題点の有無などの確認を適宜行う。

特にIFの決定権を持つ会長や事務局長は、世界中を国際大会の運営などで飛びまわっているため、スケジュール調整も大変である。

また、実際に大会を運営する組織委員会の関係するFAとも調整して、大会時の課題を解決しながら設計を進めて行く。

例えば、大会時の観客席数が多いため、緊急時の避難について大会運営のFAと、VIPが沢山くるので警備のFAと、放送関係のTVカメラの設置位置などは、ブロードキャストのFAといったようにステークホルダーが多く、調整に膨大な時間と手間を要する。

そして、最大の障壁は整備期限がとても厳しいということ。早く完成させてオーバーレイと言われる大会用の仮設の設置、テストイベントを実施して競技の計測機器のテストや大会運営スタッフの訓練を行なう必要があるため、大会開催の1年から遅くとも半年前には完成を求められる。

特にホッケーやカヌーといった屋外系の競技は、太陽の日差しが競技運営やカメラ撮影などにどのように影響するかを、1年前の大会実施時期にテストイベントで確認するため、整備期限がさらに厳しくなる。

他にも、パラリンピックの会場として使用する場合は、IPC（International Paralympic Committee：国際パラリンピック委員会）や競技連盟のルールへの対応確認も必要となる。

このように、大会時仕様と大会後仕様の両方の設計条件を固めた上で、仮設と恒設部分を上手に切り分けて計画するという、通常の公共施設の整備に比べて調整に時間を要する。

3　まとめ——大会の歴史と会場計画の進化

大会の歴史は、１８９６年の第1回アテネ大会が開催されてから、１２５年間の世界の歴史と密接に関連しながらの歴史であったといえよう。

2度の世界大戦の影響を受けながらも、ドイツ、イタリア、日本という旧枢軸国の都市復興に大会が寄与する。その後大会は、ナショナリズムに芽生えたアフリカ諸国の独立の動きや、ミュンヘン大会でのテロ事件、東西冷戦の激化に伴うボイコット合戦による影響、モントリオール大会での赤字問題などにより存続の危機を迎える。

それが、１９８４年ロサンゼルス大会でスポンサー企業による大会のブランド化とテレビ放映権を財源とした運営という商業主義化によって今につながる大会運営スタイルが生まれる。

そして、大会の度に放映権料の増大と大会規模の拡大が続き、その結果、選手ファーストでない、最も多くの放映権料を支払っているアメリカへの放送時間帯ファーストでの大会運営などの、弊害が生まれ始めていく。

一方で、1994年のリレハンメル冬季大会から始まるオリンピック休戦（大会中は都市国家間の争いも休戦となっていた、古代五輪にちなんで）に加えて環境問題や難民問題など大会が世界を巻き込むメガイベントであるが故、国連と連携した地球規模での問題に向き合うことで、大会開催の社会的意義を高める活動を重視し始める。

これらの活動は、冷戦終結に伴う世界のグローバル化の動きと歩調を合わせて拡大していく。

IOCを設立した「近代五輪の父」と呼ばれるフランスの教育家、ピエール・ド・クーベルタン男爵は、「スポーツは心身の発達と、国境を越えた友好に役立つ」とし、五輪の復興を通してスポーツによる教育改革と平和な社会の推進を目指した。この理念は「オリンピズム（五輪精神）」と呼ばれ、『五輪憲章』の冒頭に記されている。

このような崇高な理念に基づく大会の開催に現代では30近くの競技会場、練習会場までいれると200以上のスポーツ施設の利用、開閉会式を行うための8万人収容可能な巨大スタジアム、1万人以上の各国選手団が生活する選手村、世界中のメディアが分散する会場から効率的にテレビ放送を行うためのMMCなどの大規模施設を必要とする。

そして、開催都市には他にもこれらの施設がセキュリティやサービス水準を保ちながら、たった2週間で同時並行的に大会を運営する能力が問われるのである。

他にも開催都市は会場となる施設の整備や提供、大会期間中の都市全体の運営をホストシティとして総合的に管理する責務を担う。都市に滞在している外国人の災害時などの安全確保はもとより、観光などのインフォメーションセンターやライブサイトを設置するなどして大会の盛り上げを支える。

組織委員会は大会そのものの運営を担っており、チケット販売から大会ボランティアの募集や訓練、競技会場や選手村などへのオーバーレイと呼ばれる装飾、仮設施設の調達や整備など52のＦＡに分類されるほど幅広い。

そして、大会の理念やブランド価値を保ち、開催国に開催権を委ね、組織委員会に大会運営ノウハウを伝授するのがＩＯＣというＮＰＯ（非営利団体）なのである。

都市全体を巻き込む巨大イベントであるがゆえ、大会運営の効率化を図るために巨大な公園の整備に併せて、スポーツ施設や住宅を大量に整備するＯＰパーク方式が１９７２ミュンヘン大会で確立される。

この方式は、五輪記念公園として地図上でもわかる大会のレガシーを創出する。日本でも世田谷区にある都立駒沢オリンピック記念公園が有名である。

このように、大会が都市にもたらす公園や施設、都市計画にいたるまでのハードのレガシーを中心に、次章から過去に大会が開催された都市を巡っていく。

	会場計画（主にメインスタジアム）	メインスタジアム	建設年（改修年）	収容数（大会後）	大会の時代背景	時代背景
	既存会場	パナシナイコスタジアム	紀元前329年（1895修復）	4～5万	大会の仕組構築期	
	既存会場	ヴェロドローム・ド・ヴァンセンヌ	1884			
	新設したフィールドと隣接する体育館	フランシス・フィールド（セントルイス・ワシントン大学所有）	1904	4千人（スタジアムというよりもフィールド）		I次大戦の影響と復興
	博覧会会場内に新設スタジアム	ホワイトシティ・スタジアム	1908年（1985年閉鎖）	6万8千人		
	新設スタジアム	ストックホルム・スタディオン	1912年	1万4千人		
	新設スタジアム		1913年	4万人	大会発展期	
	新設スタジアム	オリンピスフ・スタディオン	1920年	1万2千人		
	既存会場	スタッド・オランピック	1907年	6万人		
	新設スタジアム	オリンピスフ・スタディオン	1928年	3万4千人		
	既存会場	ロサンゼルス・メモリアル・コロシアム	1923年	10万人		
	新設スタジアム、隣接して水泳場なども整備しスポーツコンプレックスを形成	オリンピア・シュタディオン	1936年（2004年にW杯のため拡張）	7万5千人		II次大戦の影響と復興
	駒沢競技場				中止	
	隣接するウェンブリー・アリーナで競泳、展示場であるアールズコートなど	ウェンブリー・スタジアム	1923年（2003年解体）	8万2千人	拡大期	
	1940大会に向けてスタジアムを整備していた	ヘルシンキ・オリンピックスタジアム	1938年	4万人（7万人）		
	既存会場	メルボルン・クリケットグラウンド	1854年	10万人		
	既存スタジアムに加えて新設アリーナなどを整備、道路や新都市域を改善	スタディオ・オリンピコ	1938年	7万人		

表2：過去大会の基礎データ

回	開催年	開催都市	国	参加国・地域数	競技数	種目数	選手数	大会の特徴
1	1896	アテネ	ギリシャ	14	8	43	241	近代の最初の大会、男子のみ
2	1900	パリ	フランス	13	19	95	1225	大会は**万国博覧会の附属大会**として行われたため、会期が5か月に及ぶことになった
3	1904	セントルイス	アメリカ	13	16	89	689	初めて北米大陸で開催／**万国博覧会を兼ねて開催**／日露戦争の影響で欧州勢の参加小
4	1908	ロンドン	イギリス	22	22	110	2008	ローマで開催予定が火山の噴火で開催地が変更／**英仏博覧会との同時開催**
5	1912	ストックホルム	スウェーデン	28	15	102	2437	日本がアジアで初参加／マラソンで初の死者／**万博から切り離され会期が短くなる**
6	1916	ベルリン	ドイツ	／	／	／	／	第一次世界大戦で中止（みなし開催扱い）／冬季競技の実施も計画
7	1920	アントワープ	ベルギー	29	23	152	2607	第一次世界大戦からの復興／初めて選手宣誓とオリンピック旗／日本人初メダル
8	1924	パリ	フランス	44	19	126	2972	**選手村的な木造コテージを設置**／映画『炎のランナー』で有名／日本選手は19名参加
9	1928	アムステルダム	オランダ	46	16	119	2694	女子の参加が認められる／人見絹江選手／聖火が誕生／コカ・コーラがスポンサー
10	1932	ロサンゼルス	アメリカ	37	16	128	1328	1929年の世界恐慌で参加国激減／**公式に選手村設置**／陸上で写真判定導入／時計のオメガ参入
11	1936	ベルリン	ドイツ	49	21	129	4066	聖火リレー開始／ヒトラーのプロパガンダ
12	1940	東京	日本	／	／	／	／	初のアジア開催／紀元2600年記念行事として準備、日中戦争の影響等から開催権を返上
13	1944	ロンドン	イギリス	／	／	／	／	第二次大戦で中止
14	1948	ロンドン	イギリス	59	19	151	4064	第2次世界大戦の敗戦国であるドイツと日本は参加が承認されなかった。
15	1952	ヘルシンキ	フィンランド	60	18	149	5429	日本が返上した1940年大会の代替開催地／戦後、日本参加／ソ連初参加
16	1956	メルボルン	オーストラリア	67	17	145	3178	夏季大会初の南半球開催／スエズ動乱やソ連のハンガリー侵攻などによるボイコット国が多発
17	1960	ローマ	イタリア	83	18	150	5348	**戦後の都市改造とリンク**／ソ連がアメリカのメダル数超え／自転車競技で大会初のドーピング

⬅次ページへ続く

	会場計画 （主にメインスタジアム）	メインスタジアム	建設年 （改修年）	収容数 （大会後）	大会の時代背景	時代背景
	スタジアムは改修、水泳場や駒沢公園などの新設多い	国立霞ヶ丘陸上競技場	1958 年	5 万 5 千人	拡大期	Ⅱ次大戦の影響と復興
	メキシコ自治大学所有のスタジアム	エスタディオ・オリンピコ・ウニベルシタリオ	1952 年	6 万 3 千人	衰退期	
	初のオリンピックパーク方式で計画	ミュンヘン・オリンピアシュタディオン	1972 年	6 万 9 千人		東西冷戦
	主要会場は、オリンピックパークに集中整備	モントリオール・オリンピック・スタジアム	1976 年	6 万 5 千人（サッカー時）		
	ルジニキ・オリンピック・コンプレックスを構成	ルジニキ・スタジアム（レーニン・スタジアム）	1956 年（2017 年サッカー W 杯対応で改修）	10 万人		
	既存会場	ロサンゼルス・メモリアル・コロシアム	1923 年	10 万人		
	既存の総合運動公園+オリンピックパーク	蚕室（チャムシル）総合運動場	1984 年	10 万人	拡大発展と商業主義化	
	既存施設を活用しながら主に 4 つの会場に分散	エスタディ・オリンピック・リュイス・コンパニス	1929 年	5 万 6 千人		
	既存会場が多い大会。スタジアムは、大会直後に、野球場に改修。	オリンピック・スタジアム	1996 年	8 万 5 千人		環境重視へ
	オリンピックパーク方式	スタジアム・オーストラリア	1999 年	約 8 万人		
	スポーツ・コンプレックスを整備	オリンピック・スタジアム	1982 年完成を改修 2004 年	7 万 5 千人		
	オリンピックパーク方式	北京国家体育場	2008 年	8 万 1 千人（常時）、9 万 1 千人（大会時）		
	オリンピックパーク方式	オリンピック・スタジアム	2011 年	6 万人（常時）、8万人（大会時）		レガシー
	オリンピックパーク方式	エスタジオ・ド・マラカナン	1950 年、2013 年改修	7 万 8 千人		
	広域分散型大会	新国立競技場	2019	6 万 8 千人（常時）、8 万人（大会時）		

表2：過去大会の基礎データ（続き）

回	開催年	開催都市	国	参加国・地域数	競技数	種目数	選手数	大会の特徴
18	1964	東京	日本	93	20	163	5152	日本の戦後復興と国際社会復帰／**新幹線や首都高速など交通インフラ整備**／アジア・アフリカの植民地独立が相次ぎ参加国最多／アジア初の大会
19	1968	メキシコシティ	メキシコ	112	18	172	5498	海抜 2240 mでの開催で好記録／大会直前に大規模な反対デモで死傷者
20	1972	ミュンヘン	ドイツ	121	21	195	7170	大会マスコット誕生／選手村でイスラエル選手へのテロ事件発生（警備費上昇のきっかけ）
21	1976	モントリオール	カナダ	92	21	195	6028	アマチュアリズム条項削除後初／オイルショックの物価高騰で多額の赤字を計上／アフリカ 22 か国アパルトヘイト反対でボイコット
22	1980	モスクワ	ソビエト連邦	81	21	203	5217	共産圏・社会主義国初／東側 50 か国ボイコット
23	1984	ロサンゼルス	アメリカ	140	21	221	6829	大会人気低迷の中、税金を 1 円も使わない大会を実現＝商業主義化／東側諸国のボイコット
24	1988	ソウル	韓国	159	23	237	8391	第二次大戦後誕生の新興国初／アジアで 2 回目／東西陣営＋アフリカ勢参加
25	1992	バルセロナ	スペイン	169	25	257	9356	東西冷戦終結後初／プロ選手の出場／都市再開発の成功モデル
26	1996	アトランタ	アメリカ	197	26	271	10320	近代オリンピック開催 100 周年記念大会／選手数が 1 万人を超える／爆弾テロが発生／税金ゼロの節約型大会
27	2000	シドニー	オーストラリア	199	28	300	10651	20 世紀最後の大会／選手の男女比 6：4 にまで均衡／環境重視／韓国・北朝鮮同一旗入場
28	2004	アテネ	ギリシャ	201	28	301	10664	参加国 200 超／施設整備が遅れて大会中も工事／大会の経済危機／大会施設の荒廃
29	2008	北京	中国	204	28	302	11193	社会主義国開催 2 回目／アメリカの TV 放送の関係で決勝が午前開催／国威発揚型大会
30	2012	ロンドン	イギリス	204	26	302	10931	環境とレガシー重視／イスラム圏からの女性初参加／ソーシャルメディア規制／成熟都市の模範的大会
31	2016	リオデジャネイロ	ブラジル	206	28	306	11237	南米初／トランスジェンダー選手の基準緩和／難民選手団／経済危機下の大会
32	2020	東京	日本	205	33	339	12000	数値は予定、コロナウイルスの蔓延で戦争以外での初の延期となった大会

第2章

60年目を迎えるローマ大会とレガシー

最初に巡る都市は、イタリアの首都ローマである。私は２０１９年の夏にローマを訪れ、１９６０ローマ大会の会場となった場所を巡ってきた。大会から60年が経過しているものの、多くの施設は未だに現役であった。

第2章では、そんなローマの都市の歴史や五輪大会の会場計画、そして都市に今も残るレガシーである競技会場や選手村などの施設の現状について報告する。

また、ローマといえば近代五輪のルーツである古代五輪が、ギリシャからローマ帝国に引継がれながら１１６９年間（第２９３回）開催されていた。そこで、古代五輪と近代五輪の歴史の流れや古代ローマ時代の競技施設などについても紹介する。

1 ローマの都市の歴史と五輪大会

大会の会場計画やレガシーを知る前に、開催都市の地形的特徴（コンテクスト）や歴史（本書において重要なキーワードとなるため、今後敢えてヒストリーと表記）を知ることが重要である。ローマと聞くと私が最初に思い浮かべることは、

①「ローマは1日してならず」
②「すべての道はローマに通ず」
③ローマ法王

の３つである。

①は、ローマが５００年近くもの時間を要して形成されたことから転じて、大きなことを成すには、時間を要するといったような意味で使われている。

②は、そのローマ帝国が拡大する中で、アッピア街道をはじめとした首都ローマに通じる道を整備したことから転じて、欧州の暮らしや文化の原点がローマであるといったような意味で使われている。

そして、このような栄華を極めたローマ帝国の崩壊後、荒んでいたローマをキリスト教文化圏の世界の中心地として復活させたのが、ローマ法王である。

つまりこの３つの言葉は、ローマという都市の歴史と

図8　ローマ市中心部の略図

特徴を端的に表した言葉であると言えよう。

○ローマの歴史と都市形成

ローマ市は、イタリアの首都で政治、経済、文化、宗教の中心地である。このローマ市に囲まれるようにローマ教皇の居住するバチカン市国がある。1929年に独立したため、国家の面積は世界最小であるが、全世界のカトリック教徒にとっての聖地であり、歴史、宗教、文化的にはローマ市地域と密接な関わりを持っている。

2019年現在の人口は約286万人で、イタリアで最も人口が多い都市である。かつてのローマ帝国の首都であったため、西洋文明圏のルーツとも言える都市のひとつであり、またルネサンス期から続く美しい街並みを持つ「永遠の都」と称される観光都市でもある。

①古代からローマ帝国の栄華へ

2000年以上の歴史を持つ、都市の歴史を概観してみよう。

伝説によるとローマは、紀元前753年にギリシャ神話の英雄アイネイアスの子孫である、双子のロームルスとレムスにより建てられたという。ロームルスはレムスとローマを築く場所について争った末、レムスを殺し初代の王となる。この初代王の名前が、ローマの市名の元となっている。

1960ローマ大会の公式エンブレムにも、この伝説の狼の姿がデザインされるくらいに都市の成り立ちを象徴している。

一方、考古学的には紀元前8世紀ごろに、北方からイタリア半島に移動してきた民族がテヴェレ川河畔に定住していた痕跡がある。この頃と思われる鉄器時代の遺跡は、テヴェレ川東岸の「ローマの七丘」のひとつであるパラティーノの丘で発見されている。【図8】

そして、紀元前7世紀頃には都市国家としての整備が進み、パラティーノの丘とカンピドリオの丘の間に排水路が設けられ、湿地を乾燥させた場所には公共の施設フォロ・ロマーノが作られた。この場所は、ローマの政治・経済の中心へと発展し、今でも市庁舎があり、観光名所にもなっている。

また、カンピドリオの丘にはユピテル神殿（ギリシャのパルテノン神殿のような建物）が建設された。

写真４　古代ローマの中心フォロ・ロマーノ

1960ローマ大会のマラソンコースにもなったアッピア街道（旧道）が造られたのは、紀元前312年といわれている。その後ローマは急速に発展を遂げ、紀元前27年～紀元14年皇帝アウグストゥスの時代には、100万人が居住する世界最大の都市となる。

古代ローマ帝国の時代には、先に紹介した最初の公共施設群であるフォロ・ロマーノをはじめとして、都市の発展に併せて数多くの建造物や広場、道路、水道網などの都市インフラが整備された。

しかし、皇帝ネロ統治時の64年に市域の3分の1を焼失するローマ大火が発生。これを機にネロは乱雑な建物に規制を施し、区画整備を推進した。皮肉にもこうしてローマは、整然とした町並みを手に入れることになる。

ローマ帝国は隆盛を極め、皇帝ウェスパシアヌス在位期の69～79年には火災復興事業が盛んに行われ、5万人を収容可能なコロッセオには石灰石を用いた化粧が施され、剣闘士の戦いなどの催しが行われた。さらに石灰岩と火山灰を混ぜたローマン・コンクリートが発明され、今も残るパンテオンなど様々な建物が次々と建設される。

こうして500年以上もの歳月をかけてローマは大帝

国の首府にふさわしい都市となり、地中海沿岸を中心に欧州全域まで領土を広げ、栄華を極める。

②ローマ帝国の衰退

ローマの栄華は、286年にディオクレティアヌスによってローマ帝国が東西に分けられるまで続いた。帝国二分後、ローマは西ローマ帝国に属したものの、西ローマ皇帝は拠点をミラノやラヴェンナに置いたため、ローマの政治的重要性は大きく低下してしまう。

そして、5世紀には西ゴート人やヴァンダル人の掠奪を受けて衰退し、476年に西ローマ皇帝の地位が消滅した後は、東ローマ皇帝によってイタリア領主に任命されたオドアケルや東ゴート王の支配下となる。

6世紀中頃、イタリアを統治していた東ゴート王が東ローマ帝国に滅ぼされ、ローマは再びローマ皇帝の支配下となる。しかし、度重なる戦争と歴代の東ローマ皇帝がローマを重要視しなかったため、ローマは帝国の衰退とともに荒廃してしまう。

最も人口の少ないときは、1348年のペスト流行時の2万人ともいわれている。人々は、古代ローマ帝国の築いた建物の廃墟の中で生活し、追いはぎや乞食などのあふれた殺伐した状況であった。

③教皇によるローマの復活

長らく荒廃していたローマは、教皇庁が置かれたことをきっかけに再生していく。「古代ローマ皇帝が水道を、教皇が噴水を整備した」と言われるように、教皇がカトリックの聖地としてキリスト教の教会の街へと変えていく。

そして15世紀半ば以降、ローマ教皇領の首都として栄え、ローマはルネサンス文化の中心地となる。ルネサンスとは古典復興であり、古代ローマを規範とする一連の芸術運動である。中でも15世紀に君臨した教皇ニコラウス5世の時代には、城壁の改修、バチカン宮殿の建設、サン・ピエトロ寺院の建替えや教会の修復工事が行われた。

最初はフィレンツェで活躍していた芸術家や建築家は、次第にローマで活動するようになり、15世紀末にはローマはフィレンツェにかわってルネサンスの一大中心地となる。

写真5　ベルニーニも設計を担当したサン・ピエトロ寺院

写真6　カピトリーノの丘にあるカンピドリオ広場

写真７　サンタマリア・デッリ・アンジェリ教会

彫刻ではミケランジェロ、建築ではブラマンテ、絵画ではラファエロといった芸術家が教皇のために仕事をし、現代に残る素晴らしい作品が誕生した。

特に多才であったミケランジェロは、有名なバチカンのシスティーナ礼拝堂の天井画『天地創造と最後の審判』だけでなく、法王パウルス3世からカピトリーノの丘の北側麓に位置するカンピドリオ広場を中心とした建物や斜路の総合的デザインや、古代ローマの浴場跡を教会へ改修したサンタマリア・デッリ・アンジェリ教会など、絵画や彫刻だけでなく建物や広場の設計まで行っている。

しかし１５２７年、神聖ローマ皇帝カール１世（ハプスブルク家）の傭兵軍による、いわゆる「ローマ略奪」によってローマの盛期ルネサンスは終焉を迎える。

④近世ローマの都市計画

家屋が雑然としていた中世ローマの都市形態の近代化は、１５８５年～１５９０年に在位した法王シクストゥスの実施した「結び目」というシステムに端を発する。

これは古代から存在するモニュメンタルな建築物や寺院、オベリスクなどが建立されている場所を中心に配し、

写真８ 古代ローマの競技場跡地に整備され、特殊な形状のナボーナ広場

新しい広幅員の大通りを一直線で整備して結びつけていく方式である。ポポロ広場から市の中心部にむかって3本の道路を開き、広場や泉をつくることで現代のローマの骨格が整備された。

ちなみにポポロ広場は、日本で言うと五街道の起点である日本橋のような場所で、冒頭に記した「すべての道はローマに通じる」の諺にあるようにアッピア街道をはじめとした街道の起点になっている場所である。

古代ローマのデザイン様式を復興させた「ルネサンス様式」は、やがて変形や組み合せといった、さまざまな操作と引用を繰り返すという動きに変化していく。これは、マニエリスム（様式主義）と呼ばれ、次第にバロック様式（歪んだ真珠の意）へと変化していく。

現代のローマの都市景観を最も特徴づけるバロック様式は、17世紀の建築物に多くみられ、ミケランジェロを引き継いだベルニーニやボロミーニのような彫刻家と建築家たちによって整えられていった。

18世紀のローマは、教皇の支配のもとで穏やかな時代を迎え、スペイン階段などにみられる18世紀前半の「ロココ様式」の建物は、やがて新古典主義の建物にかわっていく。

この頃ローマは欧米都市や芸術の世界においては、古典を知るために必ず訪れるべき学びの対象となっていた。貴族の子たちはローマに滞在して古典を学ぶ「グランドツアー」が流行し、フランスのエコール・デ・ボザール（国立美術学校）では、ローマ賞の受賞が最高の名誉とされていた。

ローマの都市計画の基盤である「結び目」のシステムや古典主義の建築様式は、ローマをリスペクトするエコール・デ・ボザールにおいて体系的に整理され、各国からの留学生を通じて欧米の都市へ、「ボザール様式」として輸出されていく。

特に当時新興国として国家の威厳を醸し出す都市づくりや建築様式を求めていたアメリカで大ヒットする。そのため、ワシントンDCなどをはじめとした初期独立州は、このボザール様式で整備された都市が多い。

このような都市の重ねてきたヒストリーにより、ローマが古代ギリシャと並んで西洋文明圏の芸術や文化のルーツと言われ、また古代遺跡からルネサンス期に整えられた美しい街並みも含めて「永遠の都」と称される所以となっている。

⑤イタリアの建国と首都ローマの成立

ナポレオンが失脚し、ウィーン会議後のオーストリア帝国によるイタリア支配は独立達成にむけてイタリア人の奮起を招き、ついに1861年、イタリアはサヴォイア家のもとで統一を果たす。1871年ローマは、フィレンツェに代わって統一イタリアの首都となる。

イタリア統一の記念事業としてベネチア広場一帯の整備が行われ、ヴィットリオ・エマヌエーレ2世の巨大な記念堂が建立されている。

首都となったローマの最初の都市計画案は、1881年に設計競技が行われ、それを基に1883年、今後25年間の期限付きで定められている。

イタリア鉄道の終着駅であるテルミニ駅の建設や国内の鉄道網の敷設も進む。そして市内の重工業施設をローマ市街に移し、第2次産業から第3次産業に土地利用の転換を図り、重要道路沿道にニュータウン整備も行われた。

ローマ市は、都市計画事業に課税地域を定めて厳しく

写真９　ヴィットリオ・エマヌエーレ２世の記念堂

写真 10　イタリア鉄道の終着、テルミニ駅（1992）

土地を規制した。そのため、税のかからない城壁の境界外に家が建設されてしまい、都市のスプロール化が進んでいく。

１９１１年、イタリア統一の40周年記念を祝って博覧会が催されたが、これはローマの都市計画を実現させるのにとって良い機会となり、多くの計画が遂行された。

１９３１年には、都市の発展に対応するための改訂都市計画が策定され、スプロールが更に進んでいく。スプロールエリアには、ローマの中流階級が住み、労働者階級は、都心部からさらに遠く離れたニュータウンに住まざるを得なくなっていく。

そして今日のローマは、これらのニュータウンをも包含する巨大な都市圏を形成するに至っている。

とても長くなったが、ローマは発展と衰退を繰り返し、その流れの中で近世以降の芸術様式の変化などのヒストリーを積み重ねて都市が造られている。

○1960ローマ大会について

ローマの都市形成の流れを知った上で、今から約60年前に開催された１９６０ローマ大会についてみていく。

大会開催は昔のため、あまり文献などが存在していない。しかし、１９６４東京大会の直前大会であったため、当時の東京大会組織委員会が現地に人を多数派遣して調べた『公式視察報告書』が、国立国会図書館のアーカイブに保管されている。

今の世の中は便利なもので、地域の図書館の専用端末を予約すると、このアーカイブにある図書の閲覧ができる。

この報告書などを頼りに、大会の概要や会場計画、運営などについて紹介しよう。

表3：1960ローマ大会概要

参加国・地域数	83
参加人数	5,348人 （男子4,738人、女子610人）
競技種目数	18競技150種目
開催期間	8/25～9/11

○開催決定までの経緯と大会コンセプト

ローマは、１９０８年の大会開催地に決まっていた。しかし、経費のことなどを巡って政府と国内の五輪委員会（イタリア語でComitato Olimpico Nazionale

Iatliano：以下ＣＯＮＩと略称で表記）が対立したため、１９０６年に大会開催を返上している。代わりに、１９０８年の第４回大会はロンドンで開かれた。

１９４０年にも開催地に名乗り出るが、東京の強い要請を受け、ムッソリーニの判断で立候補を取り止めている。

そして３度目の立候補であるが、今回の大会の立候補地はローマの他、ローザンヌ（スイス）、ブリュッセル（ベルギー）、ブダペスト（ハンガリー）、デトロイト（アメリカ）、メキシコシティ（メキシコ）、東京（日本）の７都市もあった。

１９５５年６月15日、第50次ＩＯＣ総会において３回目の投票で35対24となりローザンヌを押さえて開催地に決定した。

３度目の正直でようやく、イタリア国民の夢が実現したのである。ちなみに東京は１回目の投票でわずか４票にとどまり（他国の得票はローマが15、ローザンヌが14、ブダペストが８、メキシコシティが６、デトロイトが６、ブリュッセルが６）、落選している。

戦争による辞退で幻となった１９４０東京大会を譲ってくれたローマが、第二次世界大戦の枢軸国としては、東京よりも先に大会を開催することとなったわけである。

メインスタジアムを始め大会施設の一部は、ムッソリーニ時代に建設された施設が多数利用されている。

大会のコンセプトは「現代と古代の調和」となっており、カラカラ浴場などの古代ローマ帝国の遺跡を仮設の競技会場に使用していることも大きな特徴である。

○大会の開催状況

聖火は８月12日の朝、ギリシャのオリンピアで採火され、アテネから地中海を渡ってシチリア島へ上陸し、ローマへ北上した。また、この火とは別にタルキナの遺跡からも、古代エトルクス文化をしのんでトーチがリレーされ、開会式前夜にローマ市庁舎でオリンピアの火と一つになった。そして翌25日、スタジアムの聖火台に点火されている。

競技は酷暑の日中を避けて、午前と夕方に行なわれている。金メダル獲得数では、ソビエト連邦が43個で１位。次いで34個のアメリカ合衆国、13個のイタリア、12個の東西ドイツ統一チームの順となった。ソビエト連邦が

写真 11　カピトリーノの丘に建つローマ市庁舎（聖火の統合地点）

1952年のヘルシンキオリンピック以来3度目の参加で、初めてアメリカを抜いて金メダル獲得数で首位に立っている。

以後2つの超大国は、武器開発や宇宙開発だけでなく、スポーツの世界でも競争を激化させていく。

日本は次回1964東京大会の開催国として選手強化の途上にあり、219人の選手団18競技中16競技に参加した。前回の1956メルボルン大会と並ぶ金4個になったものの、総数では18個（金4、銀7、銅7）と前回を1個下回っている。

男子体操では団体5連覇のスタートとなり、小野が2大会連続の金メダル獲得と活躍したが、前回金を獲得した競泳やレスリングで逃し、躍進にはもう一歩で終わった。

自転車の男子団体ロードレースでは、デンマークの選手達がトレーナーから興奮剤のアンフェタミンを投与されて出場した結果、レース後にヌット・エネマルク・イエンセンが死亡し、他2人が入院するという事件が起こった。これをきっかけにIOCは、ドーピング防止対策を本格的に検討するようになる。近年においてもドーピ

図9　1960ローマ大会主要会場配置図

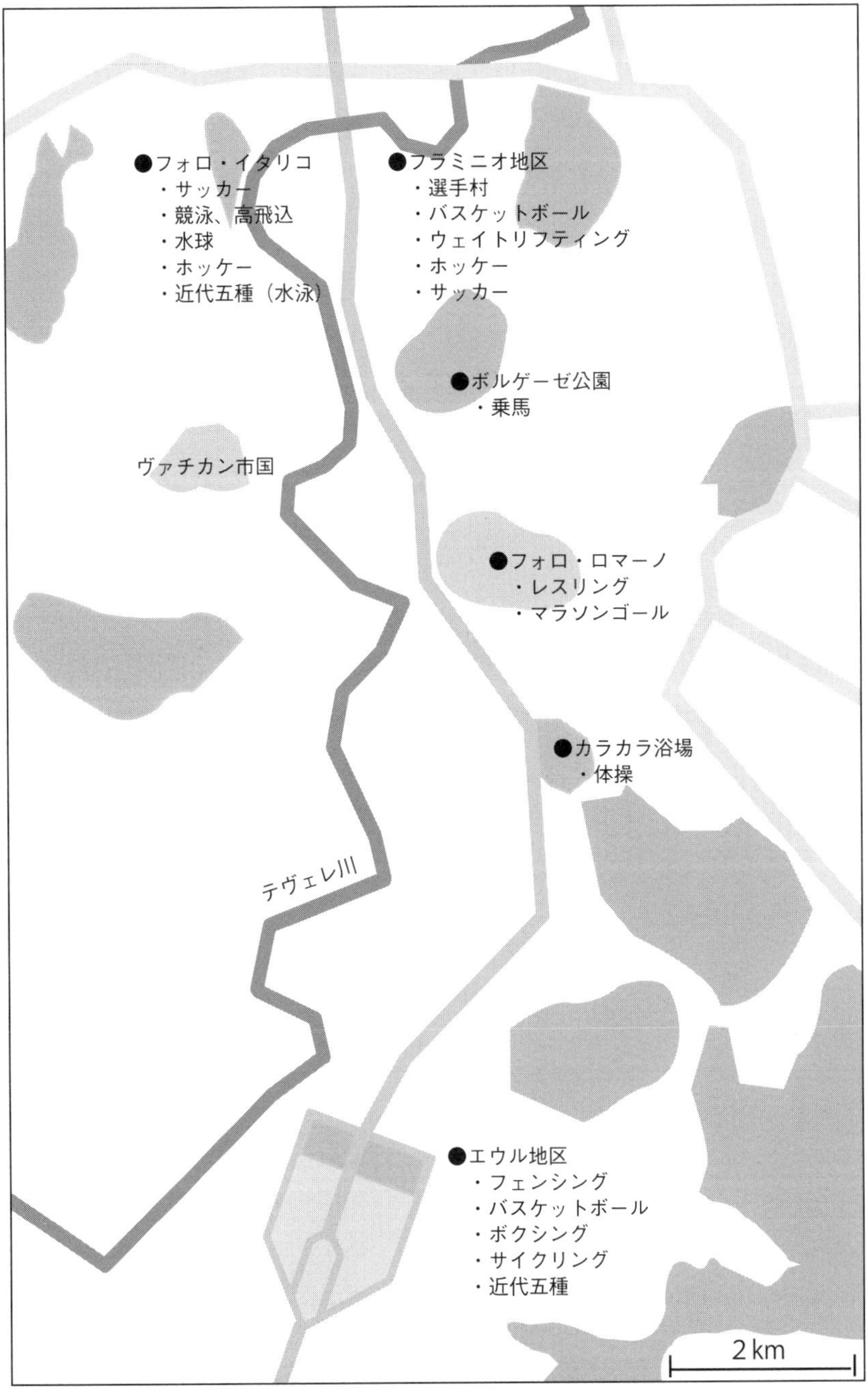

ング問題は、ロシアの組織的な不正など、世界のスポーツ界の脅威となっている。

この他、イタリア国内では全競技がテレビ放送され、大会のテレビ観戦が普及するきっかけとなった大会でもある。

○会場計画について

ローマ市は、モータリゼーションが急激に進む世界の他都市と同様に、戦後の人口増加と交通渋滞が都市計画上の最大の課題となっていた。加えて市は、古代ローマ時代の遺跡の中に中心市街地があるため、都市開発が思うように行えないという課題も抱えていた。

そのため、大会のベニューマスタープラン（以下、会場全体計画と表記）は、中心部から少し外れたフォロ・イタリコ地区を第一会場としている。ここはムッソリーニ時代に整備され、立候補辞退により幻となった1940大会のメインスタジアムになるはずであった。

また、隣接するフラミニオ地区に戦後から住み着いていた浮浪者のスラム400戸余りを取り壊して、新たに公務員住宅を建設し選手村として大会利用している。

第二会場は同じくムッソリーニが1942年の万博会場として計画し、建設が進められていた郊外のエウル地区である。会議場をフェンシング会場とし、新たに巨大アリーナや自転車競技のトラックレースを行うベロドローム（Veloはラテン語語源のフランス語で自転車、doromeはラテン語で競技場の意）などを整備している。

イタリアで盛んなサッカーや自転車競技などの施設は、新たに豪華なものを建設する一方で、中心市街地にある古代遺跡を活用し、体操やレスリングなどの古代五輪時代からある競技の仮設会場としている。

そして、これらの地区を道路整備によって結びつけることで大会輸送の効率化を図るとともに、大会後の交通渋滞の解消や都市域の拡張に伴うニュータウンの基盤整備につなげている。【図9】

○屋外系競技会場について

馬術やヨット、ボート、カヌーといった屋外で実施される競技は、広大なスペースや水面を必要とするため、どの大会でも郊外にある大きな公園の一画や海、湖といった場所で開催されることが多い。

ローマ大会も同様で、主なものを紹介する。

①馬術競技センター

ローマのボルゲーゼ公園内の美しいアッザ・ディ・シエナで開催。毎年国際馬術ショーが行われて有名な場所とのこと。クロスカントリーは郊外、障害は、最終日にメインスタジアムでの開催

②射撃場

Cechignola（軍の施設内）に建設

③水上競技

ヨットは、ナポリ。ボートとカヌーは、ローマから約30㎞離れたカステルガンドルフという街のアルバノ湖畔で行われている。【表4】

○都市開発型大会のモデルの誕生

1960ローマ大会の会場全体配置計画は、ムッソリーニが目指した幻の1940大会招致に向けて建設されたレガシーの活用と、今後の都市の発展に考慮された計画となっており、都市計画と大会を一体で捉えた、今後のモデルとなる会場全体計画であった。

この大会を徹底的に視察して分析した1964東京大会は、メインスタジアムのある千駄ヶ谷から代々木エリアを第一会場、駒沢公園を第二会場として、これらを結ぶように道路網でつないでおり、明らかにローマ大会を継承した会場全体配置計画となっていると言えよう。

それを象徴するエピソードが『東京は燃えたか~東京オリンピックと黄金の1960年代』という著作に記述されているので引用すると、このローマ大会の準備状況を視察した当時東京都の建設局都市計画部長だった山田正男氏は、大会開催を1年後に控えたローマに立ち寄ったときの衝撃を後に「ローマをみてきて、なるほど五輪を利用して都市を整備するのが五輪だという事が分かったよ」と語ったという。

○大会運営と組織委員会

第1章でもふれたが、組織委員会の形態は、国家の政治形態や国と都市との関係、商業主義化が進んだ1984ロサンゼルス大会以降は、最大のスポンサーであるメディアはもとより大会に資金やモノを提供する民

	整備手法	競技	備考
	改修	開会 / 閉会式、陸上競技、乗馬イベント	
	既存	フィールドホッケー予選	
	新設	サッカー決勝	
	新設	スイミング、ダイビング、ウォーターポロ、近代五種（スイミング）	
	新設	バスケットボール、ウェイトリフティング	
	新設	バスケットボール、ボクシング	
	新設	サイクリング（トラック）、フィールドホッケー	解体
	既存	フェンシング	
	既存	体操	
	既存	レスリング	
	既存	陸上競技（マラソンフィニッシュ）	
	既存	乗馬（ドレッシング、イベント - ジャンプ、ジャンプ - 個人）	
	既存	ウォーターポロ	
	既存	フィールドホッケー予選	
	既存	射撃（300 m フリーライフル）	
	仮設	射撃（トラップショットガン）	
		陸上競技（マラソン）	
		陸上競技（マラソン）	
		サイクリング（個人ロードレース）	
		サイクリング（個人ロードレース）	
		陸上競技（マラソン）、サイクリング（ロードチームタイムトライアル）	
		サイクリング（個人ロードレース）	
	既存	ローイング、カヌー	
	既存	ヨット	
	既存	乗馬（イベント）	
	既存	近代五種（射撃）、射撃（ピストル / ライフル）	
	既存	近代五種（乗馬）	
	既存	近代五種（ランニング）	
	既存	サッカー / サッカーの予選	
	既存	サッカー / サッカーの予選	
	既存	サッカー / サッカーの予選	
	既存	サッカー / サッカーの予選	
	既存	サッカー / サッカーの予選	
	既存	サッカー / サッカーの予選	

表4：1960ローマ大会全会場リスト

都市	クラスター	施設名称	
ローマ市内	フラミニオ地区	オリンピックスタジアム（スタディオオリンピコ）	
		マーブルスタジアム（スタディオデイマルミ）	
		フラミニオスタジアム（スタディオフラミニオ）	
		スイミングスタジアム	
		スモールスポーツパレス（パラゼットデッロスポーツ）	
	エウル地区	スポーツパレス（パラッツォデッロスポーツ）	
		オリンピックベロドローム	
		パラッツォデイコングレッシ	
	古代遺跡	カラカラ浴場	
		マキシニウス大聖堂	
		コンスタンティンのアーチ	
		ピアッツァディシエナ、ヴィラボルゲーゼガーデン	
		ローズスイミングプール（ピシナデッレローズ）	
		カンポトレフォンタン	
		セサノ歩兵学校範囲	
		ラツィオピジョン射撃台	
	公道	Grande Raccordo Anulare（無料の環状高速道路）	
		アッピア通り（街道）	
		カッシア通り（街道）	
		フラミニア通り（街道）	
		クリストフォロコロンボ通り	
		ヴィアディグロッタロッサ	
他都市		アルバーノ湖、カステルガンドルフォ	
		ナポリ湾、ナポリ	
		プラトーニデルビバロ、ロッカディパパ	
		ウンベルトI射撃場	
		パッソコレス	
		アクアサンタゴルフクラブコース	
		スタディオアルテミオフランキ、フィレンツェ	
		スタディオオリンピコカルロゼッキーニ、グロセト	
		スタジアムトムマソファットーリ、ラクイラ	
		アルデンツァスタジアム、リボルノ	
		アドリアティコスタジアム、ペスカラ	
		セントポールズスタジアム、ナポリ	

間スポンサーの発言力も増している。

少しうがった見方をすれば、金を出しているところが発言力を持つわけでIOC、国、地方自治体、NOC(国内五輪委員会)、国際・国内競技団体、メディア、民間スポンサーといった複雑な利害関係をバランス良く調整しながら大会準備を進め、運営へと舵取りを担うのが、組織委員会といえる。

そのため、どの大会もキーとなる組織や人がいるのだが、1960ローマ大会は、トトカルチョというスポーツくじの成功で財源を獲得したCONIがリードした大会といえる。

1955年6月のIOCパリ総会で開催が決定するとCONIは、その幹部をもって実行委員会を発足させ、その後3年半にわたって組織委員会設置準備事務局とともに諸準備を進めてきた。組織委員会そのものが発足したのは、なんと大会1年前の1959年3月25日であり、次の大会である1964東京大会の組織委員会が、同年9月には発足していることを考えると驚くべきことである。

組織委員会は国防相を会長に、ローマ市長、CONI会長、自動車会社、観光業者等の協力業者などの代表で総花的な構成であった。組織委員会の会議は3か月に1回のペースで開催され、大会直前でも月に1回という実に形式的なものであったという。

そのため、実質的に準備運営を担っていたのが先の実行委員会であった。実行委員会は、2週に1度開催され、大会直前は毎週開催で、大会運営プランから経費の使途まで裁定を下していた。つまり、少し粗雑な言い方をするとトトカルチョを財源とした金を出しているCONIが口も出し、大会準備全体を仕切ったということである。

これは利権などもあり肥大化しがちな組織委員会の運営を簡素化し、大会準備を効率的に進めることができた最大の要因といえよう。

このような背景があって、組織委員会の設置が大会1年前という特殊な大会準備となっているのである。直前まで決めることは、できる限り小さい組織で決めて、全てが決まってから大会運営に必要な要員を集めて訓練し、大会を開催したのである。

しかし、大会開催は道路や施設整備、警備など組織委員会だけでは対応できないことも多い。これらはCON

Iと政府、ローマ市、ROM（五輪特殊軍団：陸海空軍、大統領直轄警察、自治体警察、交通警察など、普段指揮系統の異なる組織から動員した4500名を一人の司令官の下にまとめた軍団の略称）、一般民間団体それぞれが別々に動きながら有機的に連携を図って大会開催を迎えたと報告書に記載されている。

一方で、ローマ大会の組織委員会に派遣されていた1964東京大会組織委員会総務委員会幹事であった岩田幸彰氏の報告では、最大時には1万1000人にもなった組織委員会の設置が直前すぎたため、新人だらけで自己の任務に対する意識も浅いまま大会を迎え、選手団はもとよりメディア、一般観客に至るまで不評を買ったとも記載されている。

この理由として組織委員会幹部の出身母体が1956年にイタリアのベネト州コルティナ・ダンペッツォ（2026年冬季大会の開催地にミラノとの共催で決定）で開催された冬季五輪大会の組織委員会経験者が多く、冬季大会の運営経験でものごとを進め、結果として規模が大きくより複雑な夏季大会には、はまらないことも多かったようである。

○選手村と関係者輸送

選手村は、約35万㎡の敷地に33棟の宿舎と食堂施設10棟、クラブハウス1棟、その他倉庫や駐車場、中庭で構成されていた。

宿舎33棟の中には、病院として使用した1棟と事務所的に利用された4棟、スタッフ宿舎として利用した2棟も含んでいる。

建物の構造は鉄筋コンクリート造2〜5階建てで、1階がピロティ形式になっている。33棟は、後利用でアパートとして使用する際は1348戸分相当で、これらを部屋単位で仕切って7683室を確保している。部屋の規模や住宅設備などの時代による違いはあっても、この手法は、現在の2020東京大会においても同じである。

敷地はローマ市が所有している更地であったが、不法占拠し居住している約400世帯のバラック住宅があり、政府の国家公務員住宅公団が別の場所にアパートを建設して居住者を移転させた上で、選手村となる宿舎を建設している。工事の着工は1959年の2月で、大会開催年である1960年5月という短工期で完成している。

各会場への移動時間は、メインスタジアムや水泳会場のあるフォロ・イタリコまでは、徒歩8分~10分、第二会場のエウル地区へは車で30分弱、練習会場の一つであるアクアチトーザへは数分で行ける立地である。

各国選手団に与えられたサービスは、移動用の選手団長用の自動車（車はジープで、運転手は軍の兵隊とのことで土地勘がなく各国からは不評であったとのこと）、各国1台のスクーター（運転手つき）、電話、タイプライター、マッサージ室、物置などがある。宿舎には、各選手団に対して冷蔵庫や洗濯機、テレビといった家電類などが提供された。食事は、村内10か所の食堂が割当てられたが、1か所だけ国際食堂として自由利用ができた。大会の医療本部が村内に設けられ、銀行や郵便局、売店、電報局、サウナ風呂、クラブ、スポーツ映画を上映する屋外劇場などもあった。

村内は大きく8区画に分かれて管理され、29ゲートで各国選手団は言語などで入場ゲートと区画が割当てられている。これは、セキュリティや通訳などのサービスの関係であると思われる。

このようなサービスの提供も、入村者数の規模増加やセキュリティのレベルがより高度化、食事の24時間提供などのサービスレベル向上などの違いはあっても、ベースとなるものは現在に通じるものがある。

最後に大会関係者の輸送について記すと、大きく組織委員会が車両借上げをして実施したものと、バス会社と契約して選手役員の計画輸送を行ったものとに分けられる。

組織委員会の借上げは、軍関係の車両と「ＦＩＡＴ」社より無償提供を受けたものの2種であるが、これは先にふれた選手団長輸送用と組織委員会関係の業務に使用された。

選手役員輸送用は、組織委員会が「ＳＩＴＡ」社と契約して選手村と各競技会場や練習会場間を定期路線設定して定時運行を行った。こちらの運営には、組織委員会はほとんどかかわっておらず、行先表示がないものも多く、選手からの不満の声が多かったという。

以上、ローマ大会の準備体制や施設整備、大会運営について紹介してきたが、大会規模の拡大や時代の要請による環境対応などあっても、60年前も今も大会開催の要諦は大きくは変わっていないことがわかる。

写真12　選手村の建物の現在

○大会収支と役割分担

最後に、大会準備の役割分担と気になる大会収支について大まかに見ていこう。

大会開催に伴う収支計算が難しいのは、どこまでを大会関連費とみなすかの線引きが難しいからで、過去大会の収支も色々な数字があるのはこのためである。

一応、公式な報告書が作成されるものの、ロンドン大会に3兆円とかソチ大会に5兆円など、膨大な金額がとびかっているが、これは道路や鉄道整備などのインフラ整備費が計上されているからである。

これまで見てきたように、大会はあくまでもスポーツの競技大会である。そのため組織委員会は大会運営に特化し、大会開催を契機に整備する道路や施設などのインフラは、政府や開催都市で整備と費用を負担している。1960ローマ大会も基本は、この流れと一緒といえる。

最も費用を要するインフラや施設整備の大きな役割分担として主に道路やフラミニオ地区のバラック撤去、選手村となった公務員住宅建設、フィミチーノ空港建設といったインフラ整備をイタリア政府、体育館などの市民利用施設をローマ市が建設している。

開催都市であるローマ市は、他にも旧道の補修、モニュメンタルな施設のライトアップ、街の美化など多岐にわたる役割を果たし、古都ローマを世界にアピールすることに徹し、見事にその役割を担っている。

また、大会関係者の輸送や通信、警備といった大会の動脈ともいうべき機能は、警察や軍隊といった組織の連合体であるROM（政府）が負担している。

最も支出が大きいこれらを国と開催都市で負担しているので、組織委員会は大会チケット収入や運営に要する人件費といったイベント開催の単純な収支が中心になる。

2 古代五輪から近代五輪への歴史

古代ローマは、ギリシャを属州とした後も、古代五輪を引き継いで開催していた。

ここでは、古代五輪と古代の競技施設、また古代五輪に感銘を受け、近代に復活させたクーベルタン男爵について紹介する。

◯古代五輪について

古代五輪は、紀元前776年にギリシャで始まったオリュンポスの神々の頂点に立つゼウス神に向けた宗教的儀式であった。

暑い夏の開催は、麦の収穫が終わり、ブドウの取り入れまでの農閑期であったからとも言われている。

最初の競技は「徒競走」のみで、1日で終了したという。しかも、第1回大会から第13回大会までは、この競技のみしかなかった。その後、古代五輪は属州であったマケドニアなどの他の都市国家も参加し、種目も増えていき、次第に大きな祭典へと変化していく。

古代五輪はギリシャ人以外の参加を認めていなかったが、紀元前146年、ギリシャがローマに支配されて以降、ローマが支配する地中海全域の国から競技者が参加するようになり、大会規模がさらに拡大されていく。

しかし、規模の拡大により、都市国家間の競争も次第に激化していく。そして祖国が勝つために、優勝者への報奨金も跳ね上げるなどの対応を行ったことで、報奨欲しさに不正を働くものや審判を買収するものも出て、古代五輪大祭は腐敗した。

大会のブランド価値向上と規模の拡大に伴い、大会招致のためにＩＯＣ委員の買収やドーピング問題など、近代五輪の腐敗問題にも通じるものがあり興味深い。

３１３年ローマは、一神教であるキリスト教を公式に認める。古代五輪は、キリスト教が広まるにつれて、異教ローマ神の祭典であったため、次第に廃れていった。

そして、３９２年にはテオドシウス帝がキリスト教をローマ帝国の国教と定めたことで、多神教のオリンピア信仰を維持することが困難となる。

最後の古代五輪が開催されたのは３９３年の第２９３回オリンピック競技大祭（記録は未発見とか）と言われており、１１６９年間に渡って受け継がれてきた伝統は途絶えてしまう。

○古代の競技施設と語源

都市施設のはじまりは、アゴラといわれる市場の出る広場や、市民の楽しむ場としてギュムナシオン（運動施設）、スタディオン（競技場）などと言われており、古代ギリシャやローマの都市に建設された。

スタディオンという語は距離の単位にもなり、およそ２００ヤード（約１９０ｍ）で、この距離のレースや行われる場所を意味していた。

ローマ帝国の時代になると、運動施設には温泉場が備えられるようになり、浴場は重要な市民の娯楽の場となっていく。施設が一体のため、ギュムナシオンと浴場はほぼ同義語となっている。現代のスポーツで体を動かす場所、体育館などを現す英語、ジム（gymnasium）の語源である。

五輪の体操競技は、英語で「gymnastics」であり、カラカラ浴場で体操競技の開催には深い意味がある。水泳は「swimming」であるが、高飛び込みや水球などの水上競技全般を「aquatic sports」という。その意味では、２０２０東京大会で新設された「東京アクアティク

写真 13　コロッセオの外観

スセンター」は、幅広い水上競技全体の中央競技場といったところであろうか。

そして、開閉会式を行うメインスタジアムで実施される陸上は「athletics」であるが、これはアスリートという言葉の語源である。アスリートとは、目的を持って競技する人というような意味合いを持つ。

語源で面白いのは「sport」で、フランスの「desport」という語に関係があるそうで、意味は「暇つぶし、気分転換、娯楽」である。スポーツという言葉には、「金メダルをとる」などのような賞を獲得することを目的とする意識は希薄で、楽しめれば良いということ。

日本では、娯楽や余暇よりも、戦中教育であった体育の流れの延長線上にスポーツがある。そのため、パワハラやセクハラといった問題が競技団体などから発生してしまうのではないだろうか。

古代五輪から実施されているスポーツの根源ともいえる3大競技が陸上、水泳、体操である。そのため近代五輪は、この3大競技が古代五輪のように同じエリアに集まって開催されることを重視している。

写真14　地下部とアリーナの再現されたコロッセオの内部

○コロッセオと現代のスポーツ施設

コロッセオは西暦70年に建築が始まり、80年に完成したと言われている。古代ローマ時代、ウェスパシアヌス帝の命によって造られたとされる円形闘技場で、その大きさは長径188mの楕円形をしている。収容人数は8万人ともいわれ、IOCが五輪のメインスタジアムに必要といっている規模と同等である。

ローマの街中にこの巨大な廃墟が堂々と建つ姿は圧倒的な迫力で、古代ローマの栄華と驚くべき建築技術の粋を今に伝えている。

その構造は、地下、アリーナ、そして4層の観客席となっている。アリーナでは主に見世物としての闘いが行われており、現在この部分はほとんどが壊れているものの、一部半月型に再現されたアリーナ形を見ることができる。

当時のローマ市民にとって一番の娯楽はコロッセオでの刺激的な見世物、つまりそこで起こる「流血や死」。プログラムは午前中が猛獣と剣闘士との闘い、昼には罪人の処刑が行われ、午後はメインとなる剣闘士同士の闘いである。この場所で年間数千人もの剣闘士が、命を落とした。

かつて地下には猛獣たちの檻、剣闘士たちの待機場所があり、人々を楽しませるべく生み出された驚くべき仕掛けは、地下から猛獣や剣闘士をアリーナにせり上げる仕組みもあった。地下から登場する猛獣や剣闘士の姿に人々は熱狂し、パンとサーカスという市民の反乱抑止にもつながったといわれている。

現代のスポーツにおいて選手たちは通路を通って登場するが、2000年も前の剣闘士や猛獣たちの登場の方が洗練された演出にも感じる。それでも最近はスポーツのエンターテインメント化が進み、スポーツプレゼンテーションが重視されている。

競泳などにおいても、大きな音楽とナレーションにLEDライトのついた登場ゲートから派手に選手が登場する演出が行われるようになった。

他にも、コロッセオの観客席はアリーナをぐるりと囲むように配置されているが、アリーナ部分と観客席の長径、短径の比率などには、現代とほぼ同じ技術が使われているというから驚きである。

また、1階の観客席には貴族階級、2階には騎士、3階には一般市民、最上階には市民権を持たない奴隷や女性の席が設けられ、階級別になっていたという。ここにも巧な技術が使われており最上階への階段はわざと狭く造られており、奴隷たちの退場を遅らせることで身分の高い階級の退場をスムーズに行わせる工夫といわれている。

さすがに現代の施設は、避難などの安全性から、上階により多くの人を配するような設計はありえない。

コロッセオの最上階には、ポールが立てられていた穴が残っており、コロッセオの上部を覆うように日差し除けの天幕が張られていた。この天幕の技術も実はとても高度なもので、太陽の動きに合わせ幕の位置を変えることができたという。この辺りは、現代の開閉式ドームのような技術と言えよう。

○ローマン・コンクリートについて

もう一つ、どうしてもふれておきたいのが、ローマ時代に使われていたコンクリート技術がある。少し横道にそれるが、私のような建築技術者にとっては、2000

スケッチ１　ローマの高度な技術で造られたパンテオン

年以上も現状を保つとは、本当に驚くべき技術であるため、少々専門的になるが紹介する。

ローマン・コンクリートとは、ローマ帝国の時代に使用された建築材料でセメントおよびポッツオーリ（イタリア・ナポリの北にある町）の塵と呼ばれる火山灰を主成分としている。

現代のコンクリートは、カルシウム系のつなぎを用いたポルトランドセメントであるが、ローマン・コンクリートはアルミニウム系のつなぎを用いたジオポリマーに類似しているという。

ローマのコロッセオには古代コンクリートも使用されている。ローマ帝国滅亡後の中世ヨーロッパでは使われず、大型建築は石造が主流となった。そして、現代のようなコンクリートが利用されるようになったのは、産業革命後であるが、現代のポルトランドセメントはアルカリ性になる化学反応によって結合しているため、二酸化炭素の侵入による中性化や塩害でしだいに強度を失っていく。そのため、日本のコンクリート建造物の寿命は、およそ50年から１００年程度と言われている。

これに対して、ローマン・コンクリートは、地殻中の

写真15　千駄ヶ谷の五輪ミュージアム前の
クーベルタン男爵の像

堆積岩の生成機構と同じジオポリマー反応によって結合してケイ酸ポリマーを形成するため、強度が数千年間保たれているそうである。

残念ながら、この技術は途中で途絶えてしまったため、現代においても完全には解明されていない。

○そして近代五輪として復活へ

ローマン・コンクリート技術だけでなく、古代五輪の火が途絶えて１５００年の時が流れた１８９２年。フランスの教育者であったピエール・ド・クーベルタン男爵は、歴史書のオリュンピアの祭典の記述に感銘を受け、ソルボンヌ講堂で行った「ルネッサンス・オリンピック」の演説の中で近代五輪を提唱した。

そして１８９４年6月23日、パリの万国博覧会に際して開かれたスポーツ競技者連合の会議で、クーベルタンは、五輪復興計画を議題に挙げ、満場一致で可決される。

第1回大会は、１８９６年、古代オリンピックの故郷オリンピアのあるギリシャで開催することも採択される。また、同じ会議で古代の伝統に従って大会は4年ごとに開催すること、大会は世界各国の大都市での持ち回り開催とすること、大会開催に関する最高の権威を持つＩＯＣを設立することなど、近代五輪の基礎となる事柄が決定された。

今では定員１１５名で構成されるＩＯＣ委員も、最初は16名であったという。これを記念して、後にＩＯＣは6月23日を「五輪デー」とし、１９４０大会の招致を決めた実績のある日本でも、１９４９年から様々な記念式典や行事が行われており、近年では、ＮＨＫが毎年ＴＶ

写真16　近代五輪の第1回大会が開催されたアテネのパナティコ・スタジアム（1992年）

放送している五輪コンサートも、その記念行事の一つである。

大会はその後、聖火リレーなどの国全体を巻き込む演出が進化を遂げ、参加国も増え、大会規模も飛躍的に拡大した現在は、世界で同時中継される開閉会式など、世界祭のような体を成している。

戦後の経験と世界の都市を見聞した経験から、世界平和のための祭典を、古代五輪の思想から再構築したクーベルタン男爵は、都市に対する思いの強さから大会の開催を都市に委ねることを重視したのではないかと思う。

3 ローマ大会のレガシー巡り

２０１９年の夏、私は１９６０ローマ大会のレガシーを訪ねてローマの街を散策してきた。近年の夏は、欧州も東京と同様に異常な暑さとなっている。パリやロンドンなど少し緯度の高いエリアが記録的な熱波に襲われる最中であったが、地中海性気候のローマも例外なくとても暑かった。大会開催から59年を迎えたローマ市に残る「都市のレガシー」を紹介していこう。

○大会のメインエリア

大会のメインエリアは、ローマ中心部から北にバスで20分程のところにあるフォロ・イタリコと呼ばれるスポーツ施設の集まった運動公園である。ここにはスタディオ・オリンピコと呼ばれる開閉会式を行ったメインスタジアムや競泳会場などがある。

また、橋を渡ってすぐ隣のフラミニア地区には選手村と、いくつかの競技場が新設されている。

この地区はローマ帝国が北方の要とするために、紀元前２２０年に整備したフラミニア街道が貫いており、サイクリング競技のメインルートにもなっている。

ローマの中心であるテルミニ駅の巨大なバスターミナルから、午前9時くらいにフラミニオ地区行きのバスに乗る。バスは20分くらいに1本、乗車する人もまばらで、観光客風の人は私くらいであった。路面電車や地下鉄から乗り換える方法もあるが、エリアの景観を眺めながら動くためにはバスが最も効率が良い。フラミニオ地区は、観光都市ローマの中心部の最北端にあたり、有名な遺跡などは少なく市民の生活圏と言える。

バスはエリアの終点ターミナルとなっており、終点まで乗ったのは自分のみであった。あきらかに地元の人の買い物の足といった感じの路線であった。

バスを降りて、テヴィレ川にかかる長い橋を渡るとフォロ・イタリコの正面の軸線につながっている。ムッソリーニ時代に建てられた古代ローマ風のムッソリーニの名が彫刻されたオベリスクやモザイク画が床に残されて

図10　1960ローマ大会のメインエリアの略図

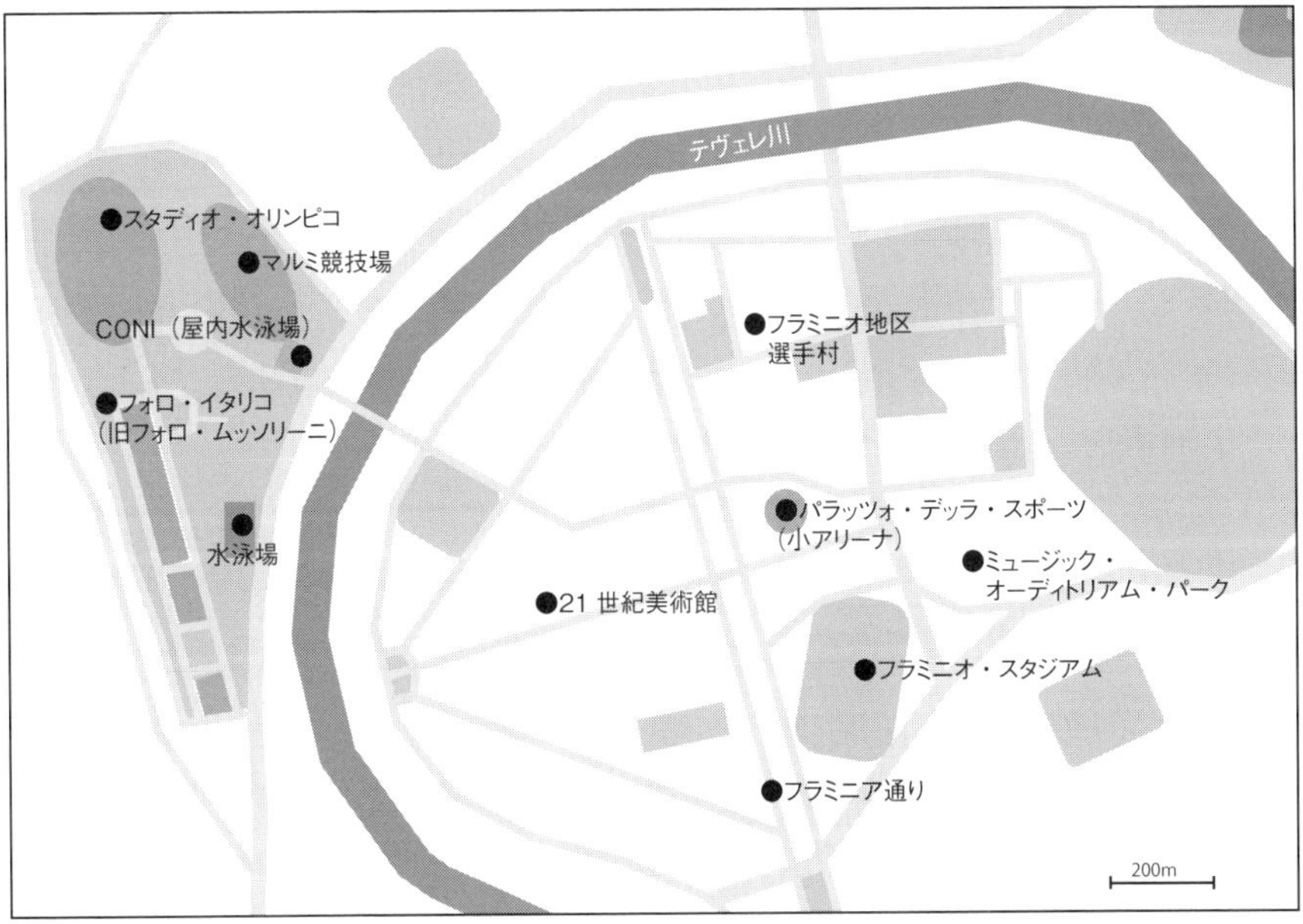

おり、当時の様子が伺える。

彫刻が置かれた広場の先に、スタディオ・オリンピコがあり、隣には、屋内プール、その先には、大理石彫刻に囲まれたマルミ競技場がある。ビアンコ・カラーラの大理石の像が59体も並んでいる景観には圧倒される。

フォロ・イタリコは、エンリコ・デル・デッビオとルイジ・モレッティの設計により1928年に着工、1938年に完成した施設である。ムッソリーニ時代のファシスト時代で、イタリア合理主義を代表する建築で、当初はフォロ・ムッソリーニであったが、第二次世界大戦後に現在の名称に変更された。

中でも最大のスタディオ・オリンピコは、収容人数約7万人で1953年5月に竣工し、FIFA1990サッカーW杯の際、半透明の楕円形屋根を増設している。大会のレギュレーションが変わり、スタジアムに屋根が必要となったための増設である。増設部は、元のスタジアムと見事に融合したデザインとなっていて、さすがはイタリア人である。

スタジアムとマルミ競技場とは地下道でつながっており、サブトラックにもなっている。大理石像の並ぶマルミ競技場は、古代の競技場のような雰囲気である。古代ローマ帝国を崇拝したムッソリーニ好みのデザインといえよう。大会時は、ホッケーの競技会場としても使用された。

フォロ・イタリコはＣＯＮＩの本拠地でもあり、世界水泳をはじめ、ビーチバレー、テニスのイタリアオープンなどの国際スポーツイベントも数多く開催されており、国家のスポーツの聖地となっている。

モザイクタイルの壁画が美しくて有名な屋内プールは、ＣＯＮＩの強化練習の真最中のようで見学させてもらえ

写真 17　大理石のオベリスクとフォロ・イタリコ

写真 18　改修で屋根がつけられたスタディオ・オリンピコ

写真 19　大理石像に囲まれたマルミ競技場

写真 20　CONI の入っている屋内プール棟

写真 21　2020 東京大会のカウントダウン時計

なかった。

建物の入り口には、2020東京大会へのカウントダウン時計が設置されていた。私が訪れた2019年7月23日は、大会まで1年を切った364日であった（その後、1年延期となってしまったが…）。

建築家エンリコ・デル・デッビオは、スタジアムのほかにも、施設内のレンガ色の「体育・教育アカデミー」の校舎も手がけている。

スタジアムから公園内を南に向かうとテニスコートが何面もあり、恰好の良いデザインのクラブハウスがあった。レストランと小さなカフェ、更衣室があるようで、あまりの強い日射しと暑さに負けてしばし休憩する。レストランスペースは研修室も兼ねているような感じで、平日は営業していないようでであった。

気を取り直して外に出てさらに進むと奥には観客席があるメインコートもあり、テニスの国際大会が開催できる仕様となっている。毎年5月にローマのマスターズテニストーナメントが開催されている。

屋外テニスコートエリアを使用して、近く国際バレーボール連盟主催のビーチバレー大会が開催されるようで、そのポスターがいたるところに掲示されていた。さすがバレーボール大国のイタリア、ビーチバレーの大会の開催も盛んなようである。

また、このエリアにも大理石のスポーツをする人型の彫像が大量にあり、現代のスポーツをする像もあり、とてもユニークな空間を生み出している。

テニスコートの向かいには、スタディオ・オリンピコ・デルヌオト（五輪水泳スタジアム）がある。１９５９年に完成し、競泳、高飛び込み、水球の会場であった。

その後、１９８３年ヨーロッパ水泳選手権を開催するために改装と拡張がされており、１９９４年と２００９年に世界水泳選手権のメイン会場となっている。私が訪れた時も屋外プールでは、多くの人たちが楽しそうに泳いでいた。

写真 22　フォロ・イタリコのテニスコート

写真 23　プールと高飛び込みのタワー

写真24　パラッツォ・デッロ・スポーツ

プールを超えてさらに進むとトレーニングセンターがあり、フォロ・イタリコの出口となる。この場所には、CONIのロゴの入った車が大量に止まっていた。

丁度、日本でいう代々木公園と代々木体育館の隣地にある岸記念体育館と同じで、五輪の開催された場所がスポーツの聖地になるという構図である。

○選手村周辺を歩く

続いてテヴェレ川沿いを再び北上しながら、選手村のあるエリアに向かう。最初に降りたバス停を通り過ぎ、マンションのような新しい集合住宅が立ち並ぶエリアの一画に、選手村として使用されていた集合住宅群がある。大会後は、公務員住宅であったものの現在は、分譲されて普通のマンションとなっている。建物は、地域の人々の暮らしに溶け込んでいて、しっかりと下調べをしなかったため、なかなか見つけられなかった。

しかし、近くにCONIのオフィスがあり、五輪マークを発見してようやく見つけ出せた。ただ選手村周辺には、その五輪マーク以外に1960ローマ大会のレガシーを示すような碑など見つけられなかった。

写真 25　イタリア国立 21 世紀美術館

この頃の選手村は、まだ低層でシンプルなつくりとなっている。建設当初は、周囲に建物がそれほどなかったものの、60年の間に、周囲を建物に囲まれてしまった感じであった。

選手村の隣には、アポロドロ広場があり、大会時は、関係者輸送のための交通広場であった。当時は、イタリアが誇る伝説のスクーターベスパも使用し、まさにローマの休日のワンシーンのようである。

この広場には、大会で新設された小アリーナと呼ばれるパラッツォ・デッロ・スポーツ（Palazzo dello Sport）もある。建築家アニバー・レヴィ・テロッツィと構造エンジニアのピエール・ルイージ・ネルヴィの傑作である。体育館の中を無柱空間にするため建物構造を前面に見せるデザインが象徴的で、残念ながら中には入れなかったが、建物の中のデザインもとてもユニークなデザインとなっている。大会ではバスケットボールとウェイトリフティングの競技会場であった。

今は、地域の体育館として使用されているようであったが、落書きなどもされ老朽化が著しい。

少し歩くと、フラミニオ・スタジアムがある。このス

写真26　ミュージック・オーディトリアム・パーク

タジアムも当時のイタリアを代表する構造エンジニアのピエール・ルイージ・ネルヴィの設計で五輪のために建設されている。ムッソリーニ時代に建設されたスタディオ・ナツィオナーレのあった場所に建てられており、大会ではサッカーの決勝会場であった。

他にも地域の名称にもなっているフラミニア街道は、サイクリング競技のメインルートになっている。

最後に、このエリアは近年再開発が進んでおり、イタリア人のスター建築家で、日本では関西国際空港ターミナルを設計したレンゾ・ピアノ氏のミュージック・オーディトリアム・パークや、日本で新国立競技場のデザインコンペを勝ち取ったザハ・ハディド女史が10年かけて取り組んだ初期の傑作、イタリア国立21世紀美術館（MAXXI）などが建設されており、ローマ中心エリアでは珍しい現代建築を見学するメッカにもなっている。

○新都市エウル地区

メイン会場を歩いてきたが、今度は第二会場である。ローマ南郊外のニュータウンであるエウル地区に地下鉄で向かう。【図11】ローマの中心部からは、先のメイン会場エリアよりは少し距離（約８㎞）があり、バスやトラムを使うこともできるが、地下鉄移動の方が効率的である。

図11　エウル地区

この地区は、ローマの近隣住区の第32番クアルティエーレでエウル地区と呼ばれている。ローマ近郊に１９３０年代から建設された新都心である。

市の中心部とは、オスティアへ通じるクリストフォロ・コロンボ通りを軸としてつながっている（マラソンとサイクリングのロードチームタイムトライアルで使用）。

万国博覧会のことを文明のオリンピックと称していたムッソリーニが、万博の開催を目指して急ピッチで整備されたエリアである。エウル地区の名称は、１９４２年に開催が予定されていたローマ万国博覧会（ＥＵＲ：Esposizione Universale di Roma 42）の頭文字に由来する。

ムッソリーニの希望により、ファシスト党による「ローマ進軍」の20周年を記念して開催が予定されていたローマ万博は、第二次世界大戦の勃発とそれに伴う戦費の増大により工事費が窮乏したことから建設が中断し、ファシズム政権の崩壊を受けて計画が頓挫してしまった。

写真 27　ローマの新都市エウル地区の中心部

戦後一時荒廃しかけたが、1950年代から70年代にかけて、ほぼ完成していた建築物は補完され、廃墟に近いものは解体されるなどして再整備が進み、閑静な住宅街を一方に備えた官公庁やオフィス街を主な機能として持つ街区として現在に至っている。

戦争の影響もあり、万博の開催はできなかったものの、1960ローマ大会の開催により第二会場として再整備され新都市は完成した。先に紹介したスタディオ・オリンピコ前のオベリスク広場のように、ムッソリーニが好んだ古代ローマを現代風にアレンジした様式で統一された美しい都市空間を作り出している。

現在、拡張されたローマ市の住宅街とビジネス地区となっているエウル地区は、ローマの新たな市の中心部となるように計画されていた。

最初のプロジェクトは、マーセロ・ピアセンティーニの指示のもと格子状の道路に、石灰岩、凝灰岩、大理石といった古代ローマ帝国時代の伝統的な材料で構築された大規模で風格のある建物をシンメトリーに配した開発を基本としている。

この地区で最も代表的な建物は、予定されていた

スケッチ2　四角いコロッセオ（イタリア労働会館）

1942年万博のイタリア文明館として建設されたパラッツォ・デッラ・シビルタ・イタリアーナである。「四角いコロシアム（スクエア・コロシアム）」として知られるようになった象徴的な建物である。

ちなみに、この建物は現在イタリアの大手ファッションメーカーの本社となっている。

他にもエウル地区には、万博のパビリオンを想定して建設されたローマ文明博物館、中世の国立博物館、先史の国立博物館、プラネタリウムなどの文化施設が数多くある。

これらの予備知識をもちながら、この新都市にある大会の競技会場を巡ってみたいと思う。

地区には3つの地下鉄の駅があるが、中心に近い地下鉄B線のEurpalasprtの駅で降りる。そこは新都市の中心にあり、地上に出ると、大きな中心を貫く軸線となるクリストフォロ・コロンボ通りがあり、その延長線の丘に巨大アリーナが見える。シンメトリーのデザインででいるコロンブス通りに架かる橋に登ると、いかにも欧州の庭園といった感じの公園を俯瞰できる。

写真28 パラロット・マティカ

水面は、水の循環が弱いためかミドリムシのような水生微生物の増殖によって濃い緑色に覆われている。この池の周辺には、姉妹都市である東京都から贈られた桜の木が沢山植樹されており、春には桜の名所となっているという。

この日はものすごく暑い日で、午後の日差しで体が溶けそうになりながら橋を渡り、巨大な丘の上に建つ、大アリーナと呼ばれたパラロット・マティカを目指す。

ここは、イタリアを代表する多目的スポーツとエンターテイメントアリーナで、大会時はバスケットボールの会場となっている。

1957年に建築家マルチェッロ・ピアチェンティーニによって設計され、鉄筋コンクリートドームの構造設計は、先に紹介したフラミニオ地区の小アリーナの構造設計も行ったピエール・ルイージ・ネルヴィによるもの。1960ローマ大会に間に合うように1958年から1960年までのわずか2年間で建設されたという。

ロックコンサートの開催実績には、ローリング・ストーンズやポール・マッカートニーと大御所がずらりあり、日本の代々木体育館や日本武道館とほぼ同じようなイメ

スケッチ3　エウル国際会議場

ージであろうか?

大会開催を契機に整備されたスタジアムや巨大アリーナは、どの都市でもコンサートなどのイベントの聖地となっている。

しかし、聖地も老朽化には勝てず、建設から40年ほど経過した2000年から2003年の間に設備更新や音響機能向上、外観デザインなどの近代化改修工事が行われている。

私が訪れた時は残念ながらイベントの展示替え中のため、入ることはできなかった。

丘を降りて再びコロンボ通りに戻り、今度は反対方面に向かう。途中には、イタリア首相を務めたジュゼッペ・ペッラ（Giuseppe Pella、1902年〜1981年）の像があり、背景に先ほど訪れたパラロット・マティカが良く見える。

軸線道路を北へ向かって歩くと、新しく建設された会議場とシンボルのオベリスク広場がある。このあたりは、万博のパビリオンとして建設された博物館などもあるエリアで、近代五種競技のフェンシング会場となったパラッツォ・デイ・コングレッシ（エウル国際会議場）もある。

写真 29　中央国家公文書館

パラッツォ・デイ・コングレッシは、１９４２年の万国博覧会のためにアダルベルト・リベラによって設計され、建設工事は１９３８年に始まるも、第二次世界大戦のために一旦中止され、１９５４年に完成している。

正面ファサードの列柱と奥に交差ヴォールトの屋根は、古代ローマのパンテオンをイメージしてデザインされている。

エウル地区は、地中海の覇権を目指したムッソリーニの「Verso il Mare：海へ向かって」という帝国主義的なスローガンに沿って、ティレニア海を臨むオスティアとローマの間に万博会場を設け、縦横に軸線を設けた権力を誇示するシンメトリックな都市計画となっている。

先に紹介したイタリア文明館は「四角いコロッセオ」と、エウル国際会議場は「新しいパンテオン」と形容されている。さらには、新都市のサン・ピエトロ大聖堂たるサン・ピエトロ・エ・パオロ大聖堂が加わって、ローマ中心部との空間的対峙が実現するようにも計画されているのである。

長引く第二次世界大戦の影響のため万博を行えなくなったこともあり、１９４２年に途中で計画は中断され、

スケッチ４　カラカラ浴場

建設途中の建物たちは放置されてしまう。戦後ファシズムを忘れ去りたいという風潮とともにファシズムを体現するその街も始めは忌み嫌われ、暗い過去の遺物となりつつあった。しかし、１９６０ローマ大会の開催が決まり、再生をとげたのがエウル地区といえよう。

なお、エウル地区にはベロドロモ・オリンピコ（五輪競輪場）も建設され、トラックサイクリングおよびフィールドホッケーイベントの会場となった。

建設後すぐに、競輪場の片側の基礎から水が流れ出るという問題が見つかったため、１９６８年にＵＣＩトラックサイクリング世界選手権の開催を最後に閉鎖されている。このように、短命に終わってしまった施設もある。

ローマの中心部からちょっと離れたところに、白を基調としたユニークなデザインの近代建築の街があることを発見できて新鮮な気持ちとなるレガシー散策であった。

街歩きが好きで、建築や都市計画に興味がある人は、是非訪れてもらいたいと思う。

時代の力がなければ誕生しないユニークな都市空間が、ローマの中心から地下鉄で20分くらいのところに存在しているのだ。

写真30　マクセンティウス帝のバシリカ

エウル地区内の居住エリアを歩く中で、あまりの暑さで地元の人が集まる店でビールとアイスを食べて休憩し、ターミナル駅であるLaurentina駅に向かった。

○古代遺跡の仮設会場

1960ローマ大会は「古代と現代の調和」を大会コンセプトに掲げ、体操とレスリングの競技会場を古代ローマ遺跡に仮設会場として整備した。また、大会を締めくくるマラソンのゴールは、スタジアム内でなく、コロッセオの横にあるキリスト教を国教と定めたコンスタンティヌス帝の凱旋門前であった。この3つの会場を紹介する。

①カラカラ浴場（体操会場）

イタリアの世界遺産に含まれているカラカラ浴場は、その名の通りカラカラ帝がローマ市街の南端付近に造営したローマ浴場。

216年に完成し、冷浴室、熱浴室など各種の浴室のほか、体育室や図書室などの施設も揃っており、その大きさ337m×333m、総面積約11万㎡もあり、一度

スケッチ５　コンスタンティヌス帝の凱旋門

に1600人を収容する巨大な複合施設であった。

館内は左右対称に造られ、各種の施設は2つずつあるものの、性別によって分けられることなく、人々は自由に行き来ができたという。

建物内部は豪華な大理石やモザイクで装飾され、絵画や彫刻も多数並んでいたと言われている。

大会では、この古代ローマ時代の複合運動施設を使って、当時の競技名でいうところの器械体操が行われている。そして、今でも夏の風物詩としてオペラが開催されており、朽ちているとは言え、かつての社交場で2000年近くたってもオペラという大人の社交場として利用され続けているのである。このように長持ちする壮大な公共施設を建設する思想や技術をもつ古代ローマの技術力には、ただ驚かされるのみである。

②マクセンティウス帝のバシリカ（レスリング会場）

306年にマクセンティウス帝が建設を開始し、ミルウィウス橋の戦いの後、勝者のコンスタンティヌス帝により完成された平和の象徴の神殿。フォロ・ロマーノでは、最大の建造物となっている。

写真31　ローマのコンスタンティヌス帝の凱旋門をモデルにしたカルーゼル凱旋門（パリ）

バシリカは、今でいう市民ホールのようなものである。後々、クーポラ（天蓋）をもつ教会建築の元にもなっていく大空間で、「バシリカ」は大聖堂を指す言葉にもなっていく。

建物全体のサイズは幅65m×高さ100mであり、建物中央の身廊は幅25m×奥行き80m×高さ39mという巨大なものであった。身廊は4本の巨大な柱で支えられた交差ヴォールトの天井となっており、西端部のアプスには、高さ12mという巨大なコンスタンティヌス1世像が置かれていたという。

1960ローマ大会では、この空間を利用して、床にレスリングマットを敷き、仮設の観客席を設置して競技会場とした。

レスリングには腰から下を攻めてはいけないグレコ・ローマンスタイルという競技があるが、これは古代ギリシャやローマで行われていた格闘技「パンクラチオン」に由来する。紀元前3000年には成立し、古代五輪でも人気競技と言われていたレスリング会場を、古代ローマ遺跡に設置する粋な計らいと言えよう。

③凱旋門（マラソンのゴール）

大会の華であるマラソンは、紀元前312年に監察官のアッピウスが着工させたところからこの名がついたアッピア街道がコースとなっている。また、そのゴールはメインスタジアムではなく、なんとコンスタンティヌス帝の凱旋門前の広場であった。1964東京大会のマラソンでも2連覇を果たして有名なエチオピアのアベベ・ビキラ選手が、夜のアッピア街道を裸足でひた走り、世界最高記録で優勝を果たした。

西の副帝であったコンスタンティヌスが、ミルウィウス橋の戦いで先のバジリカの建設をはじめた正帝マクセンティウスに勝利し、西ローマ唯一の皇帝となった事を記念して建てられた。

装飾は古い建築物からの転用材で、例えば南北面の円形浮き彫りはハドリアヌス帝の時代の建築物から、最上層8枚のパネルは176年に建設されたマルクス・アウレリウス・アントニヌスの凱旋門からはぎ取られたものである。

ちなみにこの凱旋門は、パリにナポレオンの勝利を記念して建設された、カルーゼル凱旋門のモデルにもなっている。

4 まとめ——都市の再開発手法としての大会

短い時間ではあったが、午前メイン会場、午後エウル地区の第二会場とめぐり、他にも観光にあわせて回れる会場などを見てきた。ボートやセーリングなどの屋外系競技は、ローマ市の郊外で、サッカーはフィレンツェなどの他都市で予選が実施されている。

全会場を巡ることは難しいものの、主要な競技会場クラスターを巡って思うことは、会場全体計画における都市戦略の重要さである。

第1章で紹介したように、ローマ大会は都市改造に大会を活用した最初の大会と言われ、枢軸国であり似たよ

写真 32　コロッセオ前で建設中の地下鉄 C 線

うな事情を抱える東京も続く１９６４東京大会で、同じ手法を取り入れて大会を開催した。これにより、以後の大会が都市の再開発手法と密接に結びついていく。

そして72年に同じく枢軸国であったドイツのミュンヘンで行われた大会で、選手村、ＭＭＣ、主要な競技会場群をも一カ所に集めたＯＰパーク方式が誕生するのである。

その後の大会では、単なるスラムクリアランスだけでなく、土壌汚染などでブラウンフィールド化したエリアの再開発手法としてＯＰパーク方式が活用されていく。近年ではシドニー、北京、ロンドン、リオとほとんどの大会で採用されている。

その理由は、五輪を大義に大規模な再開発が行え、施設が集積することで大会運営が大幅に効率化され、最後には五輪公園として分かりやすい「都市のレガシー」を残せるからである。

最後に、現在のローマの都市づくりの方向性を概観しながら、第2章を総括してまとめたいと思う。

ローマは、ムッソリーニ時代に進めていた大会準備が、第二次世界大戦により中止となる。

しかし、そのムッソリーニが整備した五輪大会と万国博覧会という巨大イベントのレガシーを再利用する形で1960ローマ大会を開催し、都市域の拡張と再生を図った。

大会から60年余りが経過した、現在のローマ市の都市づくりは、従来の中心部だけでなく、スプロール化した郊外の緑地までをも含めた、広域都市圏全体を歴史都市として保全することを目標にかかげている。

全体を貫く考え方は、個々の空間の質的な価値を評価し、その質を保全し高めることに重点をおくという、量から質への政策転換である。

具体的には機能的なゾーニングを見直し、コミュニティの主体的な活動を重視、歴史の文脈に沿った空間の保全・形成などへの取り組みである。

また、歴史的建造物の保全も単に凍結ではなく、活用することに重心をおいていることも特徴といえよう。

他にも自動車交通を抑制し、鉄軌道系の交通インフラの充実を図るという交通政策の見直しである。

人口増加とモータリゼーションで拡大、スプロール化した都市圏を、改めて全体で捉え直し、都市の歴史を刻んできた建造物の価値を再評価して凍結保全でなく、動態保存・利活用することで、都市の質の向上により再生を図るというものである。

一言で、世界中のどの都市も目指している、近代の都市計画からの脱却による、歴史的文化的なアイデンティティーの継承である。

そして、大会から60年余りが経過した現在のローマ市の都市づくりは、従来の中心部だけでなくスプロール化した郊外の緑地までをも含めた広域都市圏全体を歴史都市として保全することを目標に掲げている。

ローマは、メインスタジアムを始め会場であった施設を大切に使用し続けている。そもそもローマ大会のコンセプトは「古代と現代の調和」を掲げ、都市が築き上げてきたヒストリーを最大の武器、言い換えると都市のアイデンティティーとしてしっかりと認識しているのである。

色々と示唆に富む体験のできたレガシー巡りであった。

第3章

幻の1940大会と1964東京大会の都市のレガシー

２０２０東京大会は、東京での招致回数でいうと通算3回目の大会となっている。57年前に開催された１９６４東京大会は、実は１９４０年に開催が決定していたものの、戦争の影響により開催を返上した幻の東京大会の計画を下敷きにしている。

この章では、そんな過去2回にわたって計画されてきた東京に残された都市のレガシーについて、『１９６４大会公式報告書』や当時の建築専門雑誌等の記録などから、会場全体配置計画や都市改造、施設整備の経過、現在の状況等についてみていく。

1
１９６４東京大会の会場計画

最初に、大会規模についてみていこう。第1章で紹介したように大会は、商業主義化された１９８４ロサンゼルス大会をきっかけに、東西冷戦終結以降、大会規模は右肩上がりで拡大し続けてきた。

１９６４大会と２０２０大会を比べると、競技数が20から33、参加国が93から約２００となり、選手数も約５１００人から約1万２０００人と増えている。この数字だけで見ても１９６４大会の規模は、２０２０大会の半分くらいである。

それでも競技は種別に分かれ（水泳なら、競泳、水球、高飛び込み等）、予選もあるため会場が複数に分かれる。

その結果、１９６４大会の競技会場は、32か所もあり、1都4県に及んでいる。【表5】

都市の各所で同時並行的に開催される国際競技大会を、効率的に運営（選手や関係者輸送、警備等）するためには、選手村と開閉会式会場や各競技会場を結ぶ道路とのつながりが重要となる。各会場も出来る限りクラスターによって集積させて、大会運営に必要な物資等の輸送の効率化を図ると同時に、異なる競技会場間のつながりによる大会の盛り上がりやレガシーにも配慮しなければならない。そのため、大会開催にとって会場全体配置計画が大変重要となる訳である。

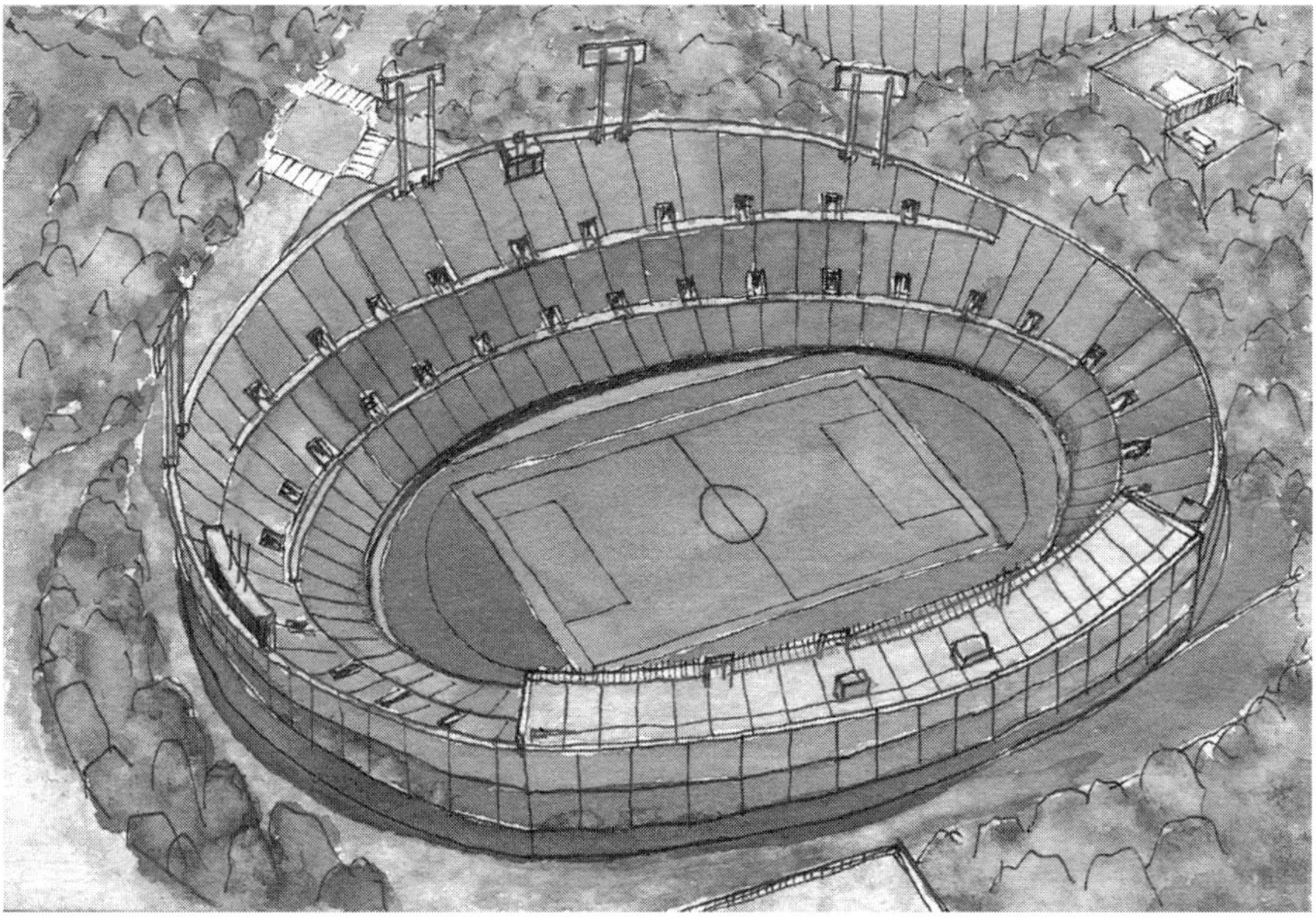

スケッチ6　旧国立競技場

表5：1964大会と2020大会の規模比較

	1964大会	2020大会
参加国や地域等	93	205
選手	5,152	12,000
競技数	20	33

さらに競技特性から、バスケットやバレーボールのような球技と体操のようにアリーナを使う屋内競技は、出来る限り既存会場の活用を前提に計画することが定石である。しかし、過密な東京では、大会用の放送車両や発電機の設置スペースや客席の増設などができないため、使用に適さない施設も多い。

また、ボートやカヌー、馬術、射撃といった競技そのものに広大なスペースを必要とする屋外競技は、都市部で実施することは困難となる。そのため、競技会場が広域に分散化してしまうことは、２０００シドニーや２０１６リオなどの過去大会においても共通している。これもまた、過密な東京圏では、広域分散化してしまうことを避けられない。

○幻の１９４０東京大会を下敷きに

１９６４東京大会の会場全体配置計画は、大会開催を返上して幻となった１９４０東京大会とローマに競り負け

表6：1940大会と1964大会の競技会場比較

		競技種目		1964大会		1940大会
	開閉会場	陸上競技		国立競技場	新設	7号埋立地（辰巳）→駒沢
屋内競技		水泳・飛込	新設	国立屋内総合競技場		
		体操競技		東京体育館		室内競技は、東京市中央体育館、国技館、芝浦アイススケート場など
		柔道	新設	日本武道館		
		レスリング	新設	駒沢体育館		
		ボクシング		後楽園アイスパレス		
		フェンシング		早稲田大学記念会堂		
		ウェイトリフティング		渋谷公会堂		
		自転車トラック	仮設	八王子自転車競技場	新設	芝浦自転車競技場
	球技	バレーボール	新設	駒沢バレーボール場		球技は、神宮外苑ほか7か所
				横浜文化体育館		
		バスケットボール	新設	国立屋内総合競技場		
		水球		東京体育館屋内水泳場		
屋外競技		サッカー	新設	大宮サッカー場		
				横浜三ッ沢公園球技場		
		ホッケー	新設	駒沢競技場		
		ボート		戸田漕艇場	新設	戸田漕艇場
		カヌー		相模湖漕艇場		
		馬術（馬場）		馬事公苑	新設	馬事公苑
		馬術（総合）		軽井沢総合馬術競技場		
		射撃（ライフル）	新設	朝霞射撃場		東京府猟友会射撃場
		射撃（クレー）		所沢射撃場		
		ヨット	新設	江の島ヨットハーバー	新設	横浜港エリア
		近代五種		朝霞、早稲田、検見川ほか		
	選手村			代々木（旧ワシントンハイツ）		駒沢に新設

た1960大会の立候補計画を下敷きに作成されている。

特に1940大会は、紀元2600年を記念して万国博覧会と同時開催となっており、その主会場は、駒沢オリンピック公園（当時は、都立のゴルフ場）クラスターと辰巳（現在、東京アクアティクスセンターの建設地付近）や月島といった臨海部の新たな埋立地を中心に提案されていた。

また、1940年東京大会は大会の準備が進んでから戦争の影響により返上されたため、戸田漕艇場と馬事公苑については既に整備されていた。【表6】

2020東京大会は、大幅な会場変更で話題を振りまいたが、1964東京大会も、招致段階の計画から実施段階で多くの会場全体配置計画の見直しを行っている。

1964東京大会時は、大会組織委員会内に施設特別委員会（会長：岸田日出刀　東大名誉教授）が設けられた。この委員会がリードして、地方会場も含めた多様な主体による会場整備に関する調整を行っている。

大会の新設施設整備は、招致決定から大会まで7年近くある今でも時間との闘いであった。1964東京大会時は、大会の準備期間が5年と更に短い中、花形競技である競泳と柔道の会場についてはギリギリまで場所も設計者も決まらなかった経緯もある。

続いてこれら1964東京大会をリスペクトするエピソードや、今に残るレガシーを中心に各会場を巡ってみよう。

2 1964東京大会のレガシー巡り

①神宮外苑クラスター（国立競技場と東京体育館ほか）

最初は開閉会式会場であり、陸上競技の会場でもある国立競技場を中心にした神宮外苑クラスターである。

国立競技場のルーツは、1924年に竣工した明治神宮外苑陸上競技場。日本の近代スポーツが発展した時期で、国民全体で競う競技大会の会場として計画（後の国民体育大会）された。完成した競技場は、3万人以上を収容できる東洋一のスタジアムであった。

1926年には、隣接する野球場、30年に水泳場も部分完成し、同年5月には極東選手権大会が開催されている。当時このマスタープランをまとめたのが内務省で明治神宮造営局参事を務め、社殿や宝物殿の建設にもかかわった技師・佐野利器《としかた》と造園の専門家たちである。

ちなみに佐野は、現在の都市づくりの基幹となる1919年の都市計画法（旧法）と市街地建築物法（建築基準法の前身）の制定にも多大なる貢献した人物でもある。

写真 33　旧国立競技場から都庁方面を望む（1995 年）

写真 34　解体前の国立競技場外観（2013 年）

話を国立競技場に戻そう。幻となった1940大会の招致に立候補した際には、この神宮外苑の既存競技施設群にスタンドを増設するなどの改修を行って大会を開催する計画としていた。

写真35　屋根工事が開始された新国立競技場（2018年）

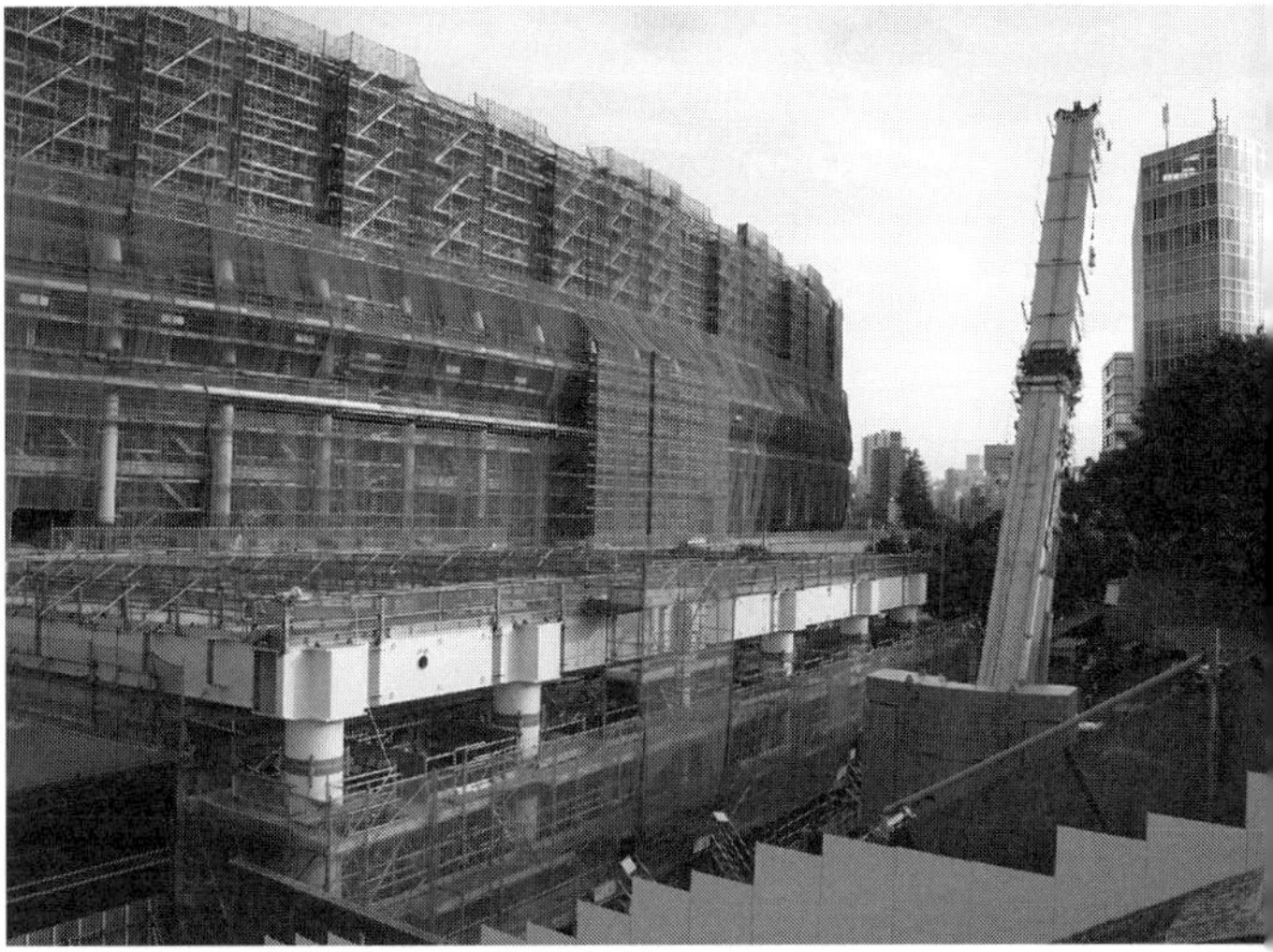

写真36　国立競技場と東京体育館をつなぐデッキ（2018年）

ところが岸田日出刀氏は、１９３６年に文部省調査員としてドイツのベルリン大会を視察し、神宮外苑の既存施設のスタンド増設計画は、全国初の風致地区であることのエリアになじまないとの判断を下し、１９４０大会のメイン会場を都立駒沢ゴルフ場改良案に変更させている。

その後、58年に第3回アジア競技大会のために2代目にあたる国立競技場（２０１４年に解体）、東京体育館屋内水泳場（同じく解体）、国立テニス場が新設されている。国立競技場の設計は、旧建設省関東地方建設局であり、大会の招致が決まってからのスタンド増設計画も旧建設省で設計している。

続いて体操の競技会場となった東京体育館は、54年に徳川宗家の土地を都が買い取り、都建築局の設計で初代東京体育館が建設された。

東京体育館もスタンドの増設などの改修を行い

写真 37　槇文彦氏設計の 1990 年に建替えられた東京体育館

１９６４東京大会で使用されている。大会向けの改修設計は、東京都のオリンピック施設建設事務所（次項に詳述）が行っている。

神宮外苑クラスターには、他にも１９６４東京大会の関連施設として、大会組織委員会の設計部により内部改修を行って日本青年館（１９２５年完成）をプレスセンターとして使用している。

しかし、１９７９年には老朽化により建替えられており、今回でこちらも3代目となる。

また、プレスのための宿泊施設（メディア村）は、近年の大会はホテルの借り上げが多いのだが、当時はプレスマンハウス（後に、賃貸住宅として利用されるが、こちらも解体）とプレスレストランも日本青年館に隣接して整備されている。

3代目にあたる国立競技場は、招致時のコンペ案からの変更などの紆余曲折があったものの、最終的に建築家の隈研吾氏が率いるグループにより設計と建設を一括（デザインビルド）方式で整備が進められた。そして、新国立競技場は「杜のスタジアム」をうたい、「ナショナルスタジアムとして全国の人々が心を一つにするた

写真38　新五輪ミュージアムの外観

め」、全47都道府県から木材を調達して競技場外周の軒庇で使用している。

建築家・槇文彦氏が設計した2代目の東京体育館の敷地から、国立競技場の建設地を眺めてみると、巨大なスタジアムが姿を現し、最大のポイントとなる屋根の仮設工事が始まっていた（連載当時の2018年）。

また、東京体育館とつながるデッキなどの周辺整備も開始され、2020東京大会に向けて街がダイナミックに姿を変えていく様子がうかがえる。

一方で、1964東京大会の施設群は、ほとんどが連鎖的に建て替えられている。私が2017年に訪れたバルセロナは、1929年建設のスタジアムを63年後の大会でも大規模改修して使用し、今でもレガシーとして動態保存している。また、2028年に3回目の大会開催が決定したロサンゼルスに至っては、1923年建設のロサンゼルス・メモリアル・コロシアムを3回とも使用する計画となっている。

東京という都市の新陳代謝のスピードの速さゆえ？　それとも、日本人の新しいもの好きのせいなのか？　成熟の時代に建設される新国立競技場は是非とも、世紀を超えるスパンで残り、「都市のレガシー」となって欲しいものである。

なお、２０１９年12月に、新国立競技場は無事に完成し、周辺には岸記念体育会館から移転したＪＯＣや国内競技団体の事務所も移転していた。ＪＯＣの入るビルには、旧国立競技場内にあった五輪ミュージアムが規模や展示を拡大、刷新して設けられている。

施設の入り口には、新たに巨大な五輪のモニュメントも設置され、大会時には、絶好の撮影スポットとなっている。

②駒沢クラスター（都立駒沢オリンピック公園）

この公園のルーツは都立のゴルフ場である。１９４０東京大会でメイン会場として計画され、東京市臨時建築部によって11万人収容のスタジアムと水泳場を中心に、選手村（１３００人収容）までも一体化した整備計画案が作成された。しかし、大会開催が返上されたため、この壮大な計画も消滅してしまった。

その後、１９４９年に第4回国民体育大会の開催に合わせてハンドボールとホッケー場が整備され、１９５８年には第3回アジア大会開催に合わせて、バレーボール場や弓道場といった施設が拡充されている。

１９６４東京大会招致決定後、１９６０年のＩＯＣ総会において大会の競技種目が20種に正式決定する。これに伴い会場全体配置計画も再考される中、駒沢クラスターで実施される競技も二転三転している。最終的に１９６１年2月の第15回組織委員会において、バレーボール、サッカー、ホッケー、レスリングに決定する。

これに合わせて、既存施設の規模や配置では大会の観客の受け入れが難しいこともあり、公園全体のマスタープランから全面的に見直すことも決定する。

従来の総合運動場から都市計画法に基づく公園整備事業で整備されることとなった。そのマスタープランの作成は、施設特別委員会の副会長で都市計画の権威であった高山英華（東大教授）に委託されている。

そして１９６１年4月に大量の観客と関係者車両動線

写真39　記念塔と聖火台

を合理的に捌くため、広場に建物を埋め込むという立体的なマスタープランがまとまる。同年5月には、公園内の個々の恒久施設の設計・監理を行うため、都の各局の技術職員（土木、建築、造園等）で構成される都のオリンピック施設建設事務所が駒沢公園内に設置されている。

５つの係で発足し、明治公園も含め大会後も都民に幅広く利用される恒久施設の整備を担った。最盛期には6課17係の大所帯となっている。また、大会用の仮設競技場や増設スタンドなどの仮設施設の整備は、大会組織委員会が担った。

ちなみに２０２０東京大会は、大会開催決定後、スポーツ振興局をオリンピック・パラリンピック準備局に組織改正し、大会施設の整備の調整を担う大会施設部を設置しているものの、新設される大規模競技施設の整備事業は都庁の各局別（財務局、都市整備局、建設局、港湾局）に施設整備課を設置している点が大きな違いと言えよう。

話を１９６４東京大会に戻そう。大会の顔にもなる個々の建物の設計は、設計者選定懇談会（岸田日出刀会長以下、都関係者も含む）を設置して、建築家に発注。

写真 40　聖火台のみ拡大

主な設計者として陸上競技場が村田政真建築設計事務所、体育館を芦原義信建築設計研究所、広場や五輪記念塔などを含む外構設計を両事務所に委託している。

この塔は、会場のシンボルでもあるが実は、放送用アンテナ、電気、電話、給水にいたるまでインフラ総合拠点機能を担っており、レガシーとして公園の維持管理が合理的に実施できるように計画されている。

建物は、大空間を合理的に構成するHPシェル（薄い曲面板からなる建築構造で、双曲放物面のものをいう）などの当時流行した構造を形に見せる方式でデザインされ、配置計画も法隆寺のような寺院建築の伽藍配置を彷彿とさせる日本的なものになっている。

工事は通常、道路や橋、設備などの土木インフラから始まり、建物、造園と続くが工期が2年半と大変厳しいため、公園41haの敷地全体で同時並行に行われている。また、これだけ工事が輻輳する中、大会時はもとより大会後の施設運営などについても組織委員会や競技団体などと打合せを行っている。

これらの総合調整をオリンピック施設建設事務所が担い、１９６４年5月に総工費約46億円の工事を無事に完

写真 41　駒沢体育館と記念塔

写真 42　体育館の内部、オリンピック記念ギャラリー入口

了させている。7月23日に公園の竣工式、その後仮設スタンドなどの整備を組織委員会が行って、10月に無事大会が開催された。

現在の駒沢公園を歩いてみた。記念塔の下には、当時の聖火台が残されており、また、レスリングの行われた体育館の一角には、日本選手団の制服や大会チケットなど、当時の様子を感じさせてくれる品々が展示されている。

広い公園内には、自転車の練習や保育園の子たちの散歩、ジョギング、選手並みの速さで走る人、スケボーやダンスをする人たちで溢れていた。

③代々木クラスター（国立水泳場と選手村）

当初、選手村予定地は、埼玉県朝霞市の米軍兵住宅であるキャンプドレークであった。そのため、朝霞から代々木クラスターや駒沢クラスターへつながる環状7号線を優先整備していた。

しかし、代々木の米軍将校住宅であったワシントンハイツが1961年11月に電撃的に返還されたため、急きょ選手村や水泳場などの整備と合わせて、代々木クラスターが形成された。

3大競技である陸上（メインスタジアム）、水泳、体操の会場は、大会を盛り上げる象徴的な施設として一体で計画されることが多い。過去大会においてもメインスタジアムと競泳、体操会場となるアリーナは隣接してい

大会時にホッケー会場であった球技場では、サッカー大会が開催されており、大会後にレガシーとして多目的に利用でき、なおかつ地形的な特徴を利用して関係諸室を一か所に配し、維持管理のしやすい施設となるように設計されている。

競技場のような建築物と公園の橋などのインフラが上手につながっており、観客動線も上手く立体的に処理されている。建築や土木、造園といった各技術の見事な融合に、改めて都庁の先輩技術者たちの仕事振りをリスペクトした次第である。

写真 43　代々木体育館（2018 年）

写真 44　建替え工事中の渋谷公会堂と区役所（2018 年）

る大会がほとんどである。

１９６４大会も招致段階では、陸上の国立競技場と体操の東京体育館の隣に水泳場を整備予定であったが、用地の買収費用や敷地の狭隘さなどから別の場所が模索され、ワシントンハイツの返還によって同敷地内にようやく決定する。

次は、誰が設計するかが焦点となり、施設特別委員会の委員長である岸田氏の弟子であった丹下建三東大教授が選定された。

代々木水泳場の正式名は、国立屋内総合運動場という名称で、競泳とバスケットボールの会場となった。特徴的な巴の形態の配置で二つの建物が対峙しながらも、一体的に融合して見える不思議なデザインである。このデザインは、丹下氏の卓越した構想力と、それを形にするための構造技術の賜物である。私は通勤電車越しにこの建物を毎日眺めているが、いつ見ても美しい。

丹下氏は、大会後にＩＯＣから大会を象徴する建物をデザインした功績により、表彰賞を授与されている。２０２０大会では、ハンドボールとパラリンピックのウィルチェアラグビーの会場として使用されるため、２０１９年に耐震化や擁壁の作り変え、化粧直しなどの大規模改修工事を終えて再び竣工当初のような美しい姿をみせてくれている。

代々木クラスターには、他にも大会に合わせて渋谷区役所とともに整備された渋谷公会堂（設計：建築モード研究所）がウェイトリフティングの会場として使用されている。

渋谷公会堂は、２０００人という程良いサイズと音響の良さからコンサート会場として人気を博していたものの、２０１５年から再び区役所と一緒に建替工事が行われ、コンパクトで現代的なホールへと生まれ変わっている。

今回は、建替工事費を捻出するため、用地の一部に定期借地権を設定して民間マンションも一緒に建設されている。

１９６４東京大会では、このエリアに他にも大会に合わせて誕生した施設として、国際放送センターとしてＮＨＫ放送センターやＪＯＣや国内の競技団体の本部が入る岸記念体育会館なども整備され、スポーツの聖地のようになっている。

現在都心のオアシスとなっている代々木公園一帯は、欧米風の造りであった住宅を活用し、選手村となった。組織委員会によって大食堂２棟（設計：菊竹清訓建築設計事務所）やメインゲート（設計：清家清東京工業大学教授）などの仮設による付帯施設も整備されている。

大会の開閉会式を行う国立競技場のある神宮外苑クラスターと選手村のある代々木クラスター間には、選手や大会関係者が車両で移動するための首都高速ランプがそれぞれ整備され、羽田空港ともつながっている。また、観客が会場にアクセスするためにＪＲの鉄道線を横断する橋が原宿駅前に架けられ、その名もズバリ「五輪橋」と命名されている。さらに五輪橋の向かいには、分譲価格が最高1億円を突破し、「億ション」の先駆けとして知られる、コープオリンピア（設計：清水建設）が1965年に建設・分譲されている。

写真45　代々木体育館と区役所の建替えと一緒に建設された高層マンション（2021年）

写真46　移転により解体された岸記念体育会館（2018年）

1964東京大会は、モータリゼーションの進展による道路整備と、都市交通としての鉄道ネットワーク整備の起爆剤にもなっている。

大会に先立ち、戦災復興から高度成長につなげるための「首都圏整備計画」が策定されている。この計画と大会の会場計画のリンクする道路や鉄道路線は、計画の実施が大幅に前倒しされている。

都道では、当初の選手村予定地であった朝霞と駒沢公園などを結ぶ環状7号線や、神宮、代々木、駒沢の3大クラスターを南北方向に結ぶ国道246号（青山通り）

写真 47　渋谷宮下公園建替え工事中（2018 年）

などの整備が有名である。

また、太平洋ベルト地帯を構成する都市間を結ぶ新幹線や、羽田空港と都心を結ぶモノレール、地下鉄日比谷線などの都市内公共交通網の整備も１９６４大会のレガシーである。

１９３３年にＣＩＡＭ（近代建築国際会議）による第四回会議において、近代の機能主義による都市計画の原点（都市の機能を居住、労働、余暇、交通に分け、それらの機能的ゾーニング）ともいえる『アテネ憲章』が採択された。

この機能を大会開催に重ねると、競技会場は余暇、選手村は居住、都市基盤（道路等）は交通となり、大会開催計画は、「都市計画」そのものといえる。そのため、会場全体配置計画が大変重要で、都市の未来像から逆算して大会計画を作っていくことが必要となるわけである（参考文献：『オリンピック・シティ東京』片木篤氏）。

これらを頭の隅に置きながら、渋谷駅から代々木駅までの代々木クラスターを歩いてみた。【図12】

渋谷駅は、その名のとおり、すり鉢状の最低部の谷に駅がある。渋谷は、１９６４東京大会の３つの会場クラ

図 12　神宮、代々木クラスター略地図

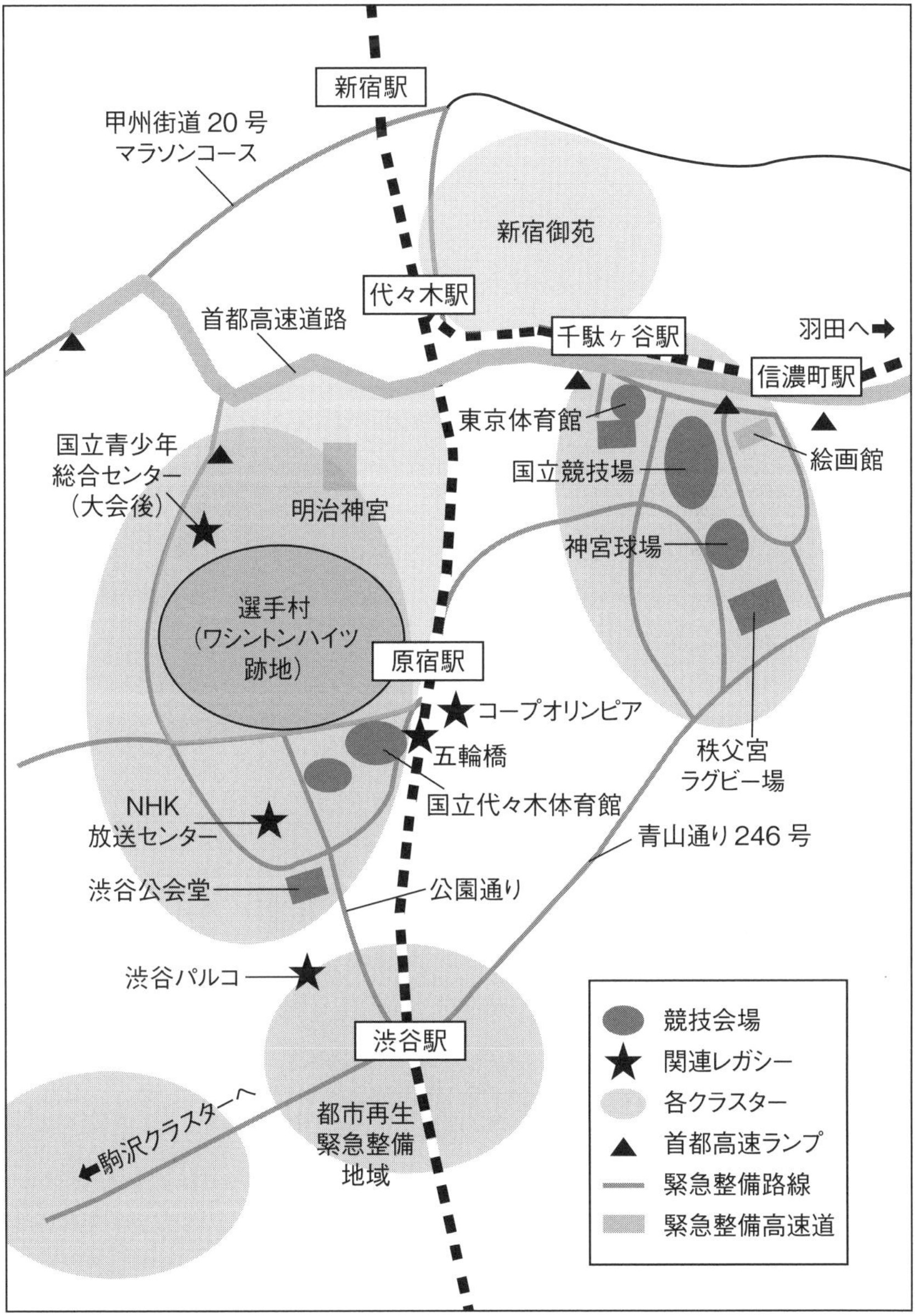

写真 48　建替え工事中の渋谷パルコ（2018 年）

写真 49　コープオリンピアと五輪橋

スターの結節点に位置し、世界遺産に登録された上野の国立近代美術館を設計したル・コルビジェの弟子である坂倉準三氏が立案した渋谷駅総合計画と、坂倉氏が設計した東急文化会館、東横店西館、東急プラザなどの建築群や、日本初の立体都市公園である宮下公園（全て建替られた）など、1964東京大会の開催で最も発展を遂げた街である。

渋谷駅周辺は、現在も都市再生法に基づく大規模再開発の真っただ中にあり、2020東京大会で再度、大きな変貌を遂げることも感慨深い。

公園通りに入

写真50　今でも代々木公園内に保存される選手村の住宅

り、建替中のパルコ（2019年秋に再オープン）を越え、同じく建替工事中の渋谷公会堂の前を抜けると、NHK放送センターが現れる。少しJR山手線側に向かうと岸記念体育会館、その背後の人工地盤上には、代々木総合屋内運動場の特徴的な屋根が見えてくる。

そしてさらに北上すると、代々木公園の屋外音楽堂のある分園部分に入っていく。原宿の表参道から五輪橋へと続く、都道413号上に架けられたデッキを渡ると2018年に開園50周年を迎えた代々木公園の本園にたどり着く。

公園内には、今でも一棟だけ選手村に転用された米軍将校の家が残されている。

公園を一回りしている途中で、目の不自由な方の小さなマラソン大会が開催されているのに遭遇した。伴走者と2人で懸命に走る姿は、オリンピックとパラリンピックの融合する姿と重なって見えた。

駒沢公園と同様に、スポーツとレクリエーション、散策など都市公園の存在の大きさを改めて実感できた。

そして、代々木公園を参宮橋門から抜けると、国立オリンピック記念青少年総合センターが現れる。ここは、

写真 51　都立代々木公園

写真 52　国立オリンピック記念青少年総合センター

青少年教育指導者や青少年に対する研修等を行うことにより、青少年教育の振興や健全な青少年の育成を図ることを目的とした施設である。

選手村の跡地をこのような形でレガシーとして活用し、建替えられたものの50年以上たった今でも青少年育成という機能が存在し続けていることは誇るべきことである。

そして、小田急線の参宮橋駅を越え明治神宮の宝物殿の裏を抜けると代々木駅に到着。代々木クラスターのレガシーを巡る散歩も終点となる。

④屋外競技の会場巡り

大会の競技種目には、カヌーやヨット、馬術といったアウトドア型の競技が数多く存在する。これらは、近代オリンピックの誕生した欧州発祥となっているものが多い。概して日本は、体育という教育の流れにスポーツが存在し、文部科学省が制度を所管している。一方欧米は、余暇・リクリエーションという領域にスポーツが属し、自然の中で楽しむ感覚がある。このような競技は、必然的に広大な敷地や水域、森などを必要とするため、都心域で実施することが難しい。

○八王子市自転車競技

まずは、ロードとトラックレースに分かれる自転車競技である。1964東京大会では、どちらも八王子市に選手村の分村（ユースホステルを利用）を設置して開催している。

トラックレースは、多摩御陵の隣に組織委員会が建設した仮設のトラック会場であった。一方、ロードレースは、トラック会場を起点に甲州街道や高尾街道を利用した1周25kmのコースを8周する約195kmで実施されている。現在トラック会場は、綾南公園となり、ロードレースのルートは、サイクリングコースとして整備されている。

ちなみに1940東京大会のトラックレースでは、港区芝浦に自転車競技場を新設予定であった。埋立地までのアクセスに必要な橋が先行設置され、五輪カラーから五色橋と命名されている。この橋は、1940東京大会のレガシーとして今でも健在である。

○江の島ヨットハーバー

江の島は、江戸時代から弁財天への参拝者を集める景勝地であり、また、鎌倉風致地区内にもあった。しかし、大会開催が決定すると早々に国指定名勝史跡が解除され、1961年5月から江の島湘南港の建設が開始される。1962年には県道305号江の島大橋が完成、1964年7月には防波堤護岸637m、防波堤392m、ヨット桟橋3基等を有する湘南港が竣功している。

写真 53　解体直前の 1964 大会のクラブハウス棟（2011 年）

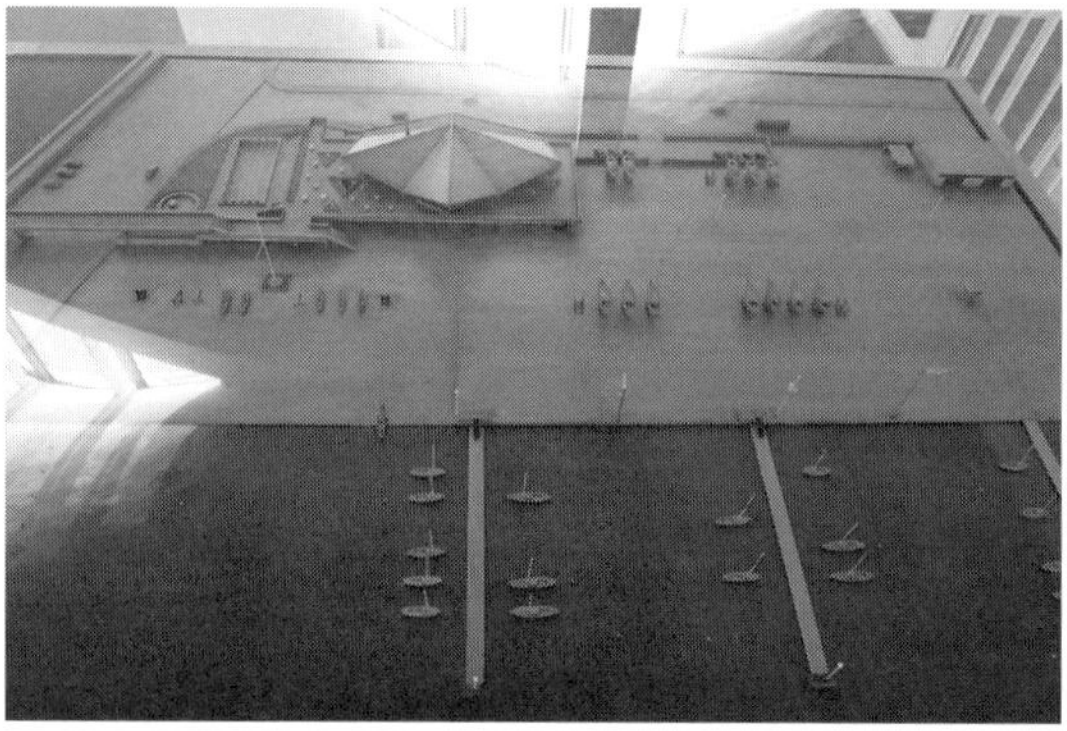

写真 54　1964 東京大会のヨットハーバー模型

そしてヨットハーバーの顔となるクラブハウスは、谷口吉郎氏と山田水城氏の共同設計でヨットの帆をモチーフに設計されている。

選手村の分村は、プリンスホテル系列の大磯ロングビーチ全館借上げで、選手村用としてRC造5階建て、305人収容の新館まで新築している。

江の島は、2020大会で新設予定であった若洲オリンピックマリーナから会場変更により、再びセーリング会場として決定された。

この決定以前から、塩害などによる老朽化によりクラブハウスは建替計画が動き出しており、現在はコンピュータデザインによる有機的な形態のクラブハウスに生まれ変わっている。

私が釣りの帰りに訪れた際は、江の島大橋の拡幅整備も進んでおり、急ピッチで周辺整備に着手している様子であった。ヨットハーバーには、

写真 55　新クラブハウス（2014 年）

写真 56　新クラブハウスの内部（2014 年）

１９６４大会の碑や当時の聖火台もある。

新クラブハウス内には、先代の模型や大会開催のプレートなども保存展示されている。

現在も大会専用道の設置や漁業権など整理するべき課題があるようだが、再び会場として使われる数少ない場所の一つであり、景勝地でもあるため、美しい映像を世界に発信できる。そして何より、１９６４東京大会で生まれたヨットスクールに通う子供たちにとっても素晴らしいレガシーとなるであろう。

○相模湖カヌー

当初カヌーの会場は、戸田漕艇場であったが、競技運営上の問題などから人造湖である相模湖で開催された。東京緑地計画において津久井景園地に属している場所に、新たに県立相模湖漕艇場が建てられた。

当時の建物群は解体されて新しい施設となっているが、漕艇場機能は健在である。

２０２０東京大会のカヌーとボートのスプリントは中央防波堤の水路を締め切って新たに整備される海の森水上競技場で一緒に開催される。また、バルセロナ大会から復活したカヌー・スラローム（激流下り）については、葛西臨海公園の隣接地に日本発の人工カヌー場を整備中である。

２０２０東京大会の大きな特徴として、過去大会では郊外で実施せざるを得なかった水上競技の多くが臨海副都心周辺エリアで数多く開催される。これは、臨海エリアがバルセロナ大会で誕生した五輪ポートのように、水上スポーツや水辺レジャーの聖地となりうる可能性を持っており、レガシーとして大いに期待できよう。

写真 57　競技大会開催中の馬事公苑（2014 年）

○馬事公苑と戸田漕艇場

この二つの会場は、幻の１９４０大会で既に整備され、１９６４大会でようやく日の目をみた。

馬事公苑は１９４０年世田谷区用賀に開苑し、

写真 58　2020 東京大会に向けて、建替工事中（2018 年）

写真 59　会場周辺の道路整備に併せて、ふるさと納税で整備された寄付者のブロック

１９４４年に修練場となっていた。戦後１９４８年の国営競馬の開始とともに、農林省畜産局競馬部東京競馬事務所となり、１９５４年のＪＲＡ（日本中央競馬会）設立に際し、馬事公苑の名称に戻されている。

１９６４東京大会では、馬術競技の会場として使用されることとなり、仮設スタンド２６００席と、雨天時用の屋根に覆われた馬場（松田平田設計事務所）が隣接地に新設された。総合馬術競技には、約20kmの専用コースや起伏に富んだ広大な敷地が必要となるため、長野県軽井沢南方に会場が設けられた。木造平屋建て3棟で構成される厩舎は仮設のため、大会組織委員会施設部が森京介建築設計事務所に委託して設計されている。また、選手村の分村としてプリンスホテル系列の晴山ホテルが利用された。

この馬事公苑は、夢の島公園から会場変更により、

２０２０東京大会でも再度馬術の会場として使用されることなった。しかし、施設の老朽化や近年の国際大会仕様に合致しない部分があるため、全面的に建替されることとなり２０１６年12月末から閉鎖中である。敷地外周部の樹木を残し、増設された覆《おおい》馬場も含め全ての建物が解体され、ＪＲＡが設計・施工一括発注で急ピッチに工事を進めている。２０１８年7月に入り、新設スタンドなどが姿を現しはじめていたが、２０２０年には完成している。

計画では、仮設の観客席などが大幅に増設された２０２０東京大会モードで一度完成し、また大会後に閉苑してレガシーモードに戻して２０２２年秋に全面再オープンするとのことである。さらに、大会開催に合わせて世田谷区や東京電力などが駅からのアクセスルートの地下埋設インフラ更新や道路舗装、照明灯の取り換えなど化粧直し工事で、周辺は毎日大忙しとなっている。これもレガシーのため、地域住民としては大会時や大会後の姿を見るのを楽しみに待つのみである。

１９３７年の第5回１９４０年大会組織委員会で戸田村が大会会場に正式決定する。日本漕艇協会は、放射9号線（中山道）上、荒川に架かる戸田橋の西側に内務省土木出張所の技師・金森誠之氏の設計によって漕艇場の建設を開始する。艇庫などを含む建物の設計は東京工業大学建築学科の狩野春一氏と藤岡通夫氏が設計していたが、計画の最終案は、東京市保健局公園課の設計によるもので建設された。

戦後は、文部省と日本漕艇協会（現・日本ボート協会）が協議して管理運営していたが、１９５４年10月から、埼玉県が漕艇場西側を使って公営競技の競艇を開始している。

１９６４東京大会招致が決まり、大会組織委員会の第9回の総会（１９６０年）において競艇を廃止するという条件付きで戸田が競技会場に正式決定される。これを受けて、管理権も文部省から埼玉県に移管された。そして埼玉県は、１９６２年に都市計画決定を行って、コースの改修や事務室、艇庫などの関連施設を再整備した。大会用の仮設スタンドについては５０００人分設置されている。

戸田漕艇場は、残念ながら周辺開発が進んだことによりコースの増設など今の国際大会仕様に合致できず２０２０大会の会場に選定されなかった。ボート競技は、中央防波堤に新設される「海の森水上競技場」での開催となり、馬事公苑と同様に現在、設計・施工一括発注方式で建設されている。

写真 60　周辺が市街地化された戸田漕艇場（2018 年）

写真 61　戸田漕艇場の艇庫とクラブハウス（2018 年）

この二つの施設は、戦前に整備され、戦後復興の１９６４東京大会でようやく競技会場となった。そして、２０２０東京大会の会場使用については、命運を分けている。

しかし、２０１８年の９月に戸田漕艇場を訪ねた際は、大学の合宿施設や艇庫が多く存在し、学生たちが熱心にボートの練習に打ち込んでいた。ここは、ナショナルトレーニングセンターにも指定されており、ボート競技に打ち込む学生たちの聖地といえよう。戦前に整備された戸田漕艇場と馬事公苑は、時間を積み重ねながら欧州発

写真 62　解体された朝霞の旧射撃場①（2014 年）

祥の競技における日本の聖地として「都市のレガシー」となっているようだ。

○朝霞射撃場

先に、当初計画では朝霞の米軍キャンプドレークが選手村として計画されていたが、政治的折衝の中で、ワシントンハイツの全面返還が実現し、選手村は急きょ代々木へと変更されたことを紹介した。

ＩＯＣは、選手村に整備すべき機能としていつでも食事ができる食堂や選手がリラックスした環境で運動ができるよう陸上トラック、プールなどの整備が求められているのだが、キャンプドレークには、それらのほとんどが既存で整備されていた。そのため、立候補ファイルには、キャンプドレークに1万人の選手を、役員用宿舎にワシントンハイツをあてる計画であった。

選手村の場所は、変更されたものの朝霞ではライフル射撃競技が実施されている。この射撃場は（東京防衛施設局建設部、野生司建築設計事務所）、朝霞・根津パークの敷地に３００ｍ、50ｍ、25ｍの三種類のライフル射撃場を整備したもので、このうち３００ｍ射場は既存陸

写真63　解体された朝霞の旧射撃場②（2014年）

軍士官学校予科の射場土盛を利用して建設されている。スタンドは１２００人収容、本館・分館ともに軽量鉄骨造の平屋であった。

現在は、自衛隊朝霞駐屯地内となっており、一般の人が簡単にアクセスすることはできない。２０２０東京大会が決定し、再び朝霞が射撃の会場と決定してからは、自衛隊体育学校の訓練機能強化のため射撃場の建替えが決定し、再建築されている。しかし、新たに整備される施設は大会用ではなく、あくまでも体育学校用とのこと。射撃競技は、火薬を使うため、市街地での実施が大変難しい。そのため、大会時は、駐屯地内の別のエリアに仮設会場として競技会場が設置される。

また、１９６４東京大会のクレー射撃は、所沢市南永井にクレー射撃場を新設し、将来は射撃のメッカとして競技場を拡張予定であったが、１９６７年の埼玉国体で使用後、１９７2年に閉鎖されてしまっている。

朝霞が当初は、選手村予定地であったことにちなんで少し横道にそれると、２０２０東京大会の選手村となる晴海ふ頭は、１９６４東京大会時は客船が係留され、不足していたホテルとして使用されている。こんなところにも１９６４東京大会と２０２０東京大会の奇妙な繋がりがある。２０２０東京大会でも不足が叫ばれているホテル需要に対して、横浜港や木更津港などの東京湾内の各港がホテルシップの誘致に名乗りを上げていたが、残念ながら大会延期に伴い、２０２1年４月に全て中止が

写真 64　マラソンの折返し地点の道路上のサイン（2018 年）

決定している。

東京港では、晴海にあった客船ターミナルを、レインボーブリッジの手前に移し新客船ターミナルとして大会までに整備予定である。

○マラソンコース

マラソンコースは、国立競技場をスタートして、新宿駅の南口付近から甲州街道に入り、調布の折返し点に向かって東京を西へ進むコースであった。

折返し点の調布水耕農園付近は、何とワシントンハイツ返還の代替で新たに米軍宿舎を移転した場所である。現在は、東京スタジアムや武蔵野の森スポーツ施設群が整備されている。

江戸時代の五街道の一つである甲州街道も１９６４東京大会当時は、未舗装の路面が多く、道路も穴だらけであった。しかし、１９６４東京大会で自転車ロードレースやマラソンコースとなってからは、沿道住民には飼い犬の首輪の管理や、清掃キャンペーンなどが熱心に繰り広げられたという。

２０１７年の11月の週末に、東京スタジアムの手前の

写真65　東京スタジアムの甲州街道沿いにある折返し地点の記念碑（2018年）

甲州街道沿いにあるマラソンの折り返し地点の碑を確認に訪れた際は、Ｊリーグの試合が終わり、東京スタジアムから一喜一憂して出てくる老若男女の流れとすれ違った。折返し点であった調布の米軍キャンプ跡は影を潜め、新宿に近づくほど甲州街道沿いの景観もビルが林立し、高速道路に覆われて様変わりしている。

武蔵野の森のスポーツクラスターは、２０２０東京大会でバドミントンや近代５種の馬術競技の会場となっており、都内４大スポーツクラスターの一つ（他は、神宮、駒沢、臨海の３つ）としても位置づけられている。是非とも１９６４東京大会のマラソン折返し地点が、一大スポーツクラスターに変貌した姿を世界にアピールして、新たな都市のレガシーとしたいものである。

⑤民間施設の競技会場

これまで、主に公共部門が所有している施設の会場についてみてきた。今回は、民間施設を利用した会場について紹介する。

○後楽園アイスパレス

はじめに、ボクシング会場として使用された、後楽園アイスパレス（三菱地所設計）である。1951年に戦後の資材不足の中、当時の日本スケート連盟会長であった竹田恒徳氏（前JOC会長の父）の要望を受け、海軍の倉庫を移築して、後楽園の地で野球場などとともにアイスリンクとしてオープン。その後、3800人収容できるよう大会組織委員会の設計で改修工事を実施した上で1964大会のボクシング会場として使用された。

施設が移築であったことや土地の高度利用などの観点から1971年に閉鎖され、現在跡地には、ボーリングや後楽園ホール、場外馬券売り場などを併設した複合ビル（黄色いビルの愛称）となっている。

ボクシングは、後楽園球場で1952年5月19日に開

写真66　後楽園ホールの建物（2018年）

催された試合で、日本人初の世界チャンピオンが誕生している。この地はボクシングやプロレスなどの格闘技の聖地としてのポテンシャルを昔から持っており、今でも後楽園ホールでは、ボクシングやプロレスの興業が開催されている。都心の一角で東京ドームシティと名を変え、時代とともに変化を続ける中、ボクシングの聖地としての機能を50年以上も維持し続けていることは、立派な「都市のレガシー」といえよう。

写真 67　建替え工事中の早稲田大学記念会堂（2018 年）

○早稲田大学記念会堂

続いて、フェンシング会場として使用された早稲田大学の記念会堂。設計は、東京タワーの構造設計で有名な内藤多仲博士と早稲田大学施設部で行っている。

写真 68　完成した早稲田大学記念会堂（2019 年）

1957年早稲田大学の創立75周年を記念して建設された建物で、大会利用に際しては後楽園アイスパレスと同様に観客席を増設する改修を行っている。

大学の記念行事や学園祭などのコンサート会場として長年にわたって使用されていたが、現在は、老朽化に伴い建替え工事中である。新しい施設は、スポーツ施設や多目的学習施設などを地下にほとんど埋め込んだ多機能型アリーナとして設計されている。また、地上部は花壇状の広場（戸山の丘）として整備され、災害時には地域開放もされるとのことである。私が訪れた2017年は既に地上部の施設はほとんど完成しており、来春のオープンが楽しみである（その後、無事に完成）。

このように1964東京大会では、民間の所有する施設も会場として使用された。両施設とも、残念ながら老朽化により建替えられているが、それぞれこの場所で大会が開催されたという歴史を継承し、スポーツ大会などが開催できる機能を持つ施設となっている。

この場所で起こったメモリアルな出来事が、都市や地域の知名度やポテンシャルを高め、やがて人々があこがれる聖地となっていく。

聖地という意味では、1964東京大会で新設された代々木体育館と日本武道館の二つの施設も色々な聖地となっている。代々木体育館はバレーボールや体操といったアリーナ競技の聖地。日本武道館は、空手や柔道といった武道の聖地であると同時に、ビートルズの来日公演を皮切りにアーティストにとっての聖地にもなっている。

日本武道館の設計は旧逓信省の設計部から独立した山田守氏が手掛けている。山田氏は、京都タワーや聖橋の設計者としても有名である。日本武道館は、大会で初めて行われる柔道の会場として法隆寺の夢殿をモチーフにデザインされている。

私が、これまで巡った夏のオリンピック開催都市にあるメインアリーナ（ロンドン大会：O2アリーナ、シドニー大会：スーパードーム、バルセロナ大会：サンジョルディ・アリーナ）も、日本武道館と同じように国を代表するコンサート会場の聖地となっている。

このように大会開催を通じて場所や施設が色々な聖地となること、これも「都市のレガシー」である。

3 まとめ――1964から2020大会へのバトン

1964東京大会の競技会場を中心にしたレガシーを見てきたが、最後に全体を振り返りながら2020東京大会との関連について述べたいと思う。

1940東京大会招致計画時は、当時のフロンティアであった辰巳などの埋立地をメイン会場に、万国博覧会と同時開催という国家が前面に出た計画であった。

1964東京大会は、幻の1940東京大会とローマに競り負けた1960大会招致活動時の会場全体配置計画を下敷きに計画された。しかし、大会開催決定を受けて2020東京大会同様に、いくつかの会場変更が行われた。中でもワシントンハイツの返還により、急きょ代々木クラスターが加わり、競技会場の傑作である代々木体育館や都民の憩いの場としての代々木公園が誕生するなど、土地利用の面でも戦争色が薄まり、日本の復興を世界に知らせるきっかけとなる大会であった。

また、新幹線、地下鉄、首都高、幹線道路網の整備など都市交通インフラの充実により、東京をはじめとした都市の発展の大きな礎となり、その後の日本の経済成長にも繋がっている。

これまで紹介してきた競技会場の設計デザイン主体を大会ごとに眺めると、1940東京大会は、国家や東京市の技術者による官の設計、1964東京大会は、巨匠と呼ばれる建築家の設計、そして2020東京大会は、大手の組織設計事務所が新設会場のデザインを行っている。

日本が成長期にあった時代は、国家的スター建築家を必要としたが、価値観が多様化し、成熟した時代には匿名性というか、最大公約数を重視した堅実な組織設計事務所による無難なデザインが求められているようであり、時代の変化を象徴していて面白い。

世界中を敵に回した第二次世界大戦の突入への転換点となった幻の1940東京大会、その戦争の復興から経済成長への都市基盤整備や、日本人の精神的な転換点となった1964大会。

写真 69　渋谷ヒカリエから丹下健三氏が設計した代々木体育館、都庁舎（2018 年）

このどちらも、国家のカラーが色濃い大会であった。果たして２０２０東京大会は、後にどのような転換点であったと言われるのであろうか？

２０２０年東京大会の開催を、次の50年を見据えた未来社会への出発点とするためにも１９６４年東京大会とその後50年の社会やレガシーの変化を知ることは重要である。

高齢者の更なる増加と人口減少が同時に進む次の50年は、大幅な成長は望めないことを前提に組み立てることがキーであろう。例えば、スポーツの視点に立てば、子供が減れば、競技人口も減る。となると競技団体は、スポーツに新たな価値を見出し、障害者スポーツやニュースポーツ、ｅスポーツなど多様な人々が気軽に参加できる仕組みづくりが必要となる。

都市もコンパクトに集積するのと並行して、不足する機能を連携によって補う視点が重要になると思う。

私は、２０２０東京大会は国家から都市へ、しかも都市と都市のゆるやかな連携による持続的発展の進む転換点になるのではないかと思っている。

オリンピック憲章には「大会を開催する栄誉と責任は、

大会の開催地に選定された都市に対しＩＯＣによって委ねられる」とある。これは、古代オリンピックが「都市（ポリス）」単位で運営されていたことに起源を持つ条文であり、近代オリンピックを創設したクーベルタン男爵は、敢えて「都市」にこだわったのではないかと思う。

開催から54年あまり経過した１９６４東京大会の競技会場を巡りながら、都市空間を歩いてきたが、大会準備などの歴史を知った上で体感すると、時間の積層の上に都市が成り立っていることを改めて痛感させられた。

１９６４東京大会を経験した先輩方からは、子供ながらにテレビで見たりした当時の記憶が鮮明に残っていることを聞いてきた。大会のもつインパクトは相当なものであったのだろう。２０２０東京大会まで６００日を切り（２０１８年の連載当時）、大会の基盤となる競技施設の整備も後半戦に入った。是非とも大会を成功させて、次の世代に１９６４東京大会と２０２０東京大会で誕生した「都市のレガシー」をしっかりと引き継いでいきたいものである。

第4章

夏季大会を開催した3都市を巡って

１９９２バルセロナ大会、２０００シドニー大会、２０１２ロンドン大会を開催した３都市は、港湾物流の拠点として発展してきた歴史と、夏季の五輪大会を開催したという共通点がある。

私は、２０１５年にロンドン、２０１６年にシドニー、２０１７年にバルセロナとこの３都市を毎夏巡ってきた。この３都市の歴史と大会の会場計画、そして今も都市に残るレガシーを紹介する。

※この章は、２０１７年11月から12月に新聞『都政新報』に連載した文に加筆し、再構成している。構成上、当時の記載のままの方が良いと思われる部分については、敢えてそのままの表記としている。

1 バルセロナ

○都市の発展の歴史

世界をリードしている都市は、産業革命後と第二次世界大戦後の経済成長に呼応するように大きく成長しているケースが多い。都市は、経済や文化活動を原動力に成立しているからであり、都市景観や風景もこれに歩調を合わすかのように同時に変化していく。これから巡る３都市も同じような傾向にある。

２０１７年頃に、独立問題で話題となったカタルーニャ州の州都バルセロナは、中世に地中海貿易の港湾都市として栄えた。

その後、新大陸から仕入れた材料を加工する繊維産業の育成に力を入れ、スペイン初の産業革命を成し遂げる。その勢いで爆発的に発展する都市に対して、１８８５年土木エンジニアのセルダによって古い城壁を取り払い、現在の美しいグリッド状都市の原点となる拡張計画が立案された。

この壮大な計画は、１８８８年国際万国博覧会（以下、

写真 70　1929 年の万博のメイン会場

写真 71　同じ場所に再建されたドイツのパビリオン、近代建築の巨匠ミース・ファンデル・ローエが設計

万博という）の開催決定により、急速に実施され、20世紀に入るとガウディに代表されるモデルニスモ様式の建築家が誕生する。また、ピカソ、ミロ、ダリなどの芸術家が集う欧州を主導する芸術・文化都市となっていった。

１９２９年、世界的な不況の最中に雇用の機会を与える手段として、再び万博が開催される。

その後、１９３６年にスペイン内乱が勃発し、フランコ将軍に抵抗し続けたため、カタルーニャ地方は独裁政権下で弾圧を受け再び衰退してしまう。

しかし、１９７５年にフランコ将軍が没すると、バルセロナは再び活気を取り戻していき、１９９２年の五輪大会開催で国際社会に復帰を遂げ、その後も都市の成長・発展を続けている。

このように、近代が生み出した都市計画という社会技術と国際イベントを上手に活用して都市づくりを成功に導いた都市がバルセロナと言えよう。

○500年目の記念碑的な年

１９９２年はスペインにとってコロンブスが新大陸を発見してから丁度５００年目に当たる。それと同時に国土回復運動（レコンキスタ）によって最後のイスラム王朝がグラナダで陥落し、国内再統一を果たしてからも５００年目という記念碑的な年であった。

そのことも関連してか、１９９２年に五輪大会がバルセロナで、万博がセビリヤで同時期に開催されている。

私は１９９２年８月、

写真 72　1992 年当時のバルセロナ国際空港ターミナル

写真 73　セビリヤ万博会場内の様子（1992 年）

写真 74 安藤忠雄氏が設計したセビリヤ万博の木造の日本館（1992 年）

写真 75 復元されたコロンブスのサンタマリア号（1992 年）

学生の貧乏旅行でヨーロッパを半月かけて周遊した際、安藤忠雄氏設計の日本館を見るためセビリヤ万博に向かう途中でバルセロナ市に立ち寄った。このときはオリンピックからパラリンピックへの転換のタイミングであったが、バルセロナ（エル・プラット：El Prat）国際空港はターミナルが2倍の規模（600万人／年から1200万人／年）に増設され、市内のホテルはどこも満室で、ようやく泊まれたのは少し郊外の海岸沿いに造られた、一部が仮設のホテルであった。

「大会は、都市のキャパシティを超えて行うメガイベント」であると、実際に体感して驚いたものである。

さらに1992年は、リオ・デジャネイロで環境と開

図 13　1992 バルセロナ大会会場全体図

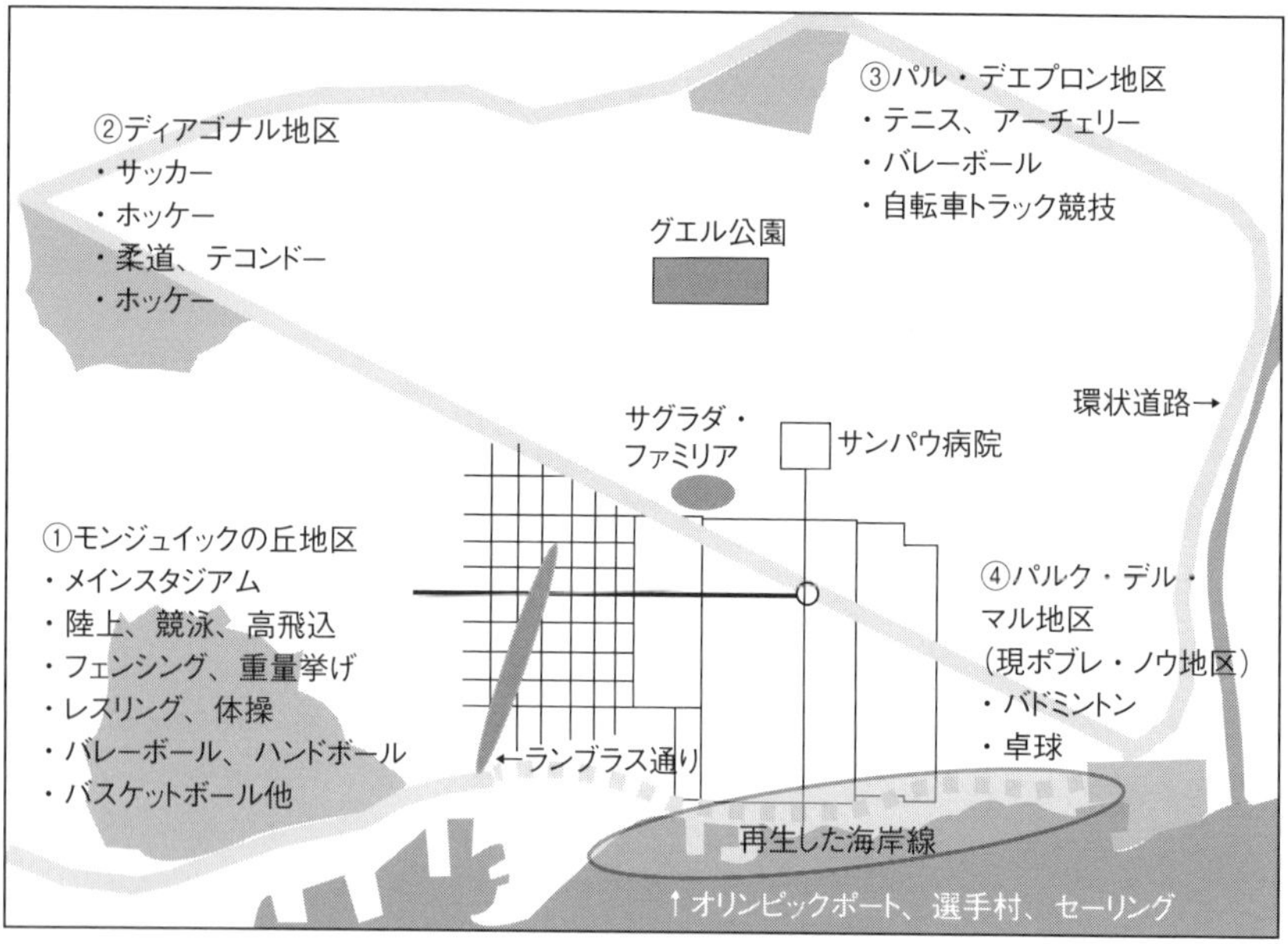

発をテーマとする初の地球環境サミットが国連主催で開催されている。これを受け第1章にも記したように、1994年にIOCは『五輪憲章』を改正し、環境や持続可能性を大きなテーマとして意識しはじめるきっかけとなる年でもあった。

○会場計画について

バルセロナ市は1924年、36年、72年と大会開催都市として立候補しているが、すべて落選している。そして、4度目の立候補である1986年、ローザンヌで3回の投票を経て、半世紀以上の悲願である大会開催をようやく手に入れた。

大会招致活動の歴史が長いため、会場計画もこれまでの招致や国際イベント開催などを通じて蓄積されてきた既存施設を上手に活用して計画されている。

会場は都心から約4㎞圏内にある四つのクラスターで構成されている。この4つに分散した会場クラスターを、新たに整備した環状道路で有機的につないで大会開催の効率化を図っている。

また、この4つのエリアは、大会の会場であると同時

写真76　モンジュイックの丘の広場とメインスタジアム

写真77　バルセロナ大会のメインスタジアム（内部）

に都市全体を再生させるためのキーとなるエリアでもあった。

①オリンピックリング地区（モンジュイックの丘）

開閉会式、陸上、競泳、体操の三大人気競技が集まるメイン会場である。

そのため、体操やバレーボールの決勝会場となったメインアリーナである、パラウ・サンジョルディ（設計：磯崎新）やバーナット・ピコルネール水泳場、カタルーニャ体育大学（設計：地元バルセロナのスター建築家リカルド・ボフィール）、シンボリックな真っ白の通信タワー（設計：サンティアゴ・カラトバ）など、地元と海外のスター建築家が設計した恒久施設が多数整備されている。

1929年の万博会場でもあり、その際に整備された歴史あるスタジアムを外装だけ残して大規模リニューアルを実施。同じく、万博の中心施設であったカタルーニャ美術館なども大規模リニューアルしており、歴史ある場所を上手に再生させる計画となっている。

②ディアゴナル地区

市内北西にある大学都市で、既存の競技施設を中心に再編したエリア。1982年のサッカーW杯の会場であり、サッカークラブFCバルセロナのホームスタジアムであるカンプ・ノウを中心に大規模な公園を整備することでスラムクリアランスを図っている。

ブラウグラナ体育館では、柔道とテコンドーが行われ、2021年3月に亡くなられた平成の三四郎、古賀稔彦選手が金メダルを獲得した会場でもあった。

市内に入る西の玄関としてふさわしいよう、新たに5つ星のホテル（レイ・ファン・カルロス1世ホテル）が建設され、大会時は各国の要人が宿泊している。

③バル・デ・エプロン地区

北東郊外の山裾にあり、19世紀半ば産業革命によって都市のスプロール化が進んだエリアに、自転車トラック（ベロドローム）、テニス、アーチェリー、ホッケーなどの屋外系競技のスポーツ施設を集中的に整備している。

また、報道陣のための2000人が宿泊できるメディア村（全489戸、うち339戸が民間開発）を建設し、広場などの公共空間を増設するなどし、スプロール化で無秩序に開発された外周の都市部と既存市域に連続性を持たせるような再開発を行っている。

この地区は、メイン会場のオリンピックリング地区とは異なり、予算制約も厳しかったようで、地元の若手建築家を中心に会場となった競技施設の設計が行われている。

④パルク・デル・マル（ポブレ・ノウ）地区

4㎞を超える海岸線に沿って荒廃した臨海工業地域を再開発し、大会史上初めて海に面した選手村を整備。全体で65haもあり、1888年の万博会場跡地公園（シウタデラ公園）も取り込みながら、大会後には約2000戸（大会時は、部屋を分割して使用するため1万人宿泊可能となる）を擁する住宅群を整備。

土木技師セルダがデザインした街の中心部からのグリ

写真 78　1888 年の万博会場であったシウタデラ公園

ッドによる連続性を考慮しながらも、一部をスーパーブロック化して住棟を配置するなど居住性に配慮した計画となっている。その一方で景観などのデザインコントロール規制は厳しく、一体感のあるデザインにもなっている。

ヨットなどを停泊させるオリンピック・ポートと冠された港やバルセロナ市初の超高層ホテル（ツインタワー）、商業施設、国際会議場なども一体的に整備している。海岸線と市街地を分断していた鉄道は完全地下化、道路も半地下化して、海へのアクセスを容易とし、海岸線には新たにスポーツ公園（ポブレノウ公園）も整備し、地中海に対して開かれた市民の新たな住宅・リクリエーション地区を形成している。

大会の官民合わせた投資額は日本円で約1兆2000億円、そのうち約23％がこの地区の再開発に充てられている。ちなみに、他の3地区は合計で約13％であることからもこの地区の優先度の高さがうかがえる。

この4地区は街の4隅を囲むように配され、なおかつ環状道路で結ばれて有機的につながっている。そして、大会から25年経過した今も都市に大きな影響を与えるエリアとして存在している。

○欧州最大級の観光都市に成長

開催準備は「無駄なものは作らない、すぐ市民が使えるものを」というコンセプトのもと、海岸の整備や都心と海岸を分断する高速道路の半地下化、スラムの解消など市民にとっても街のイメージを一新できる都市インフラの整備や改良に重点を置いたことが功を奏したといえる。

それに加えて自分たちが長年夢見た大会開催ということで、市民にプライドと参加意識を強く持たせたことも成功要因であると言われている。

ＩＯＣが大会の招致段階で各都市の市民の支持率を重視しているのも、開催都市の市民が受け入れ、参加してくれなければ道路や公園などの一部を封鎖してまで行う、都市全体を巻き込むメガイベントの成功はあり得ないからであろう。

バルセロナの人々は、街を良くして、オリンピックの発祥地であるギリシャに敬意を示しつつ、地中海で開催される大会を強くアピールした。

その結果、海辺を取り戻したことで地中海リゾート都市のイメージを世界に発信することに成功したわけである。

○持続可能な都市づくり

先の国連環境サミットが開催された１９９２年を境に、欧州連合（ＥＵ）は、持続可能な都市政策の形成と展開に傾注していく。その基本思想は、「狭い欧州、川や陸域を共有し、他国に迷惑をかけずに一緒に発展していくこと。そのため、自然、経済、社会、文化的な環境の持続可能性を重視する」である。この考えを土台に、バルセロナ市の都市開発戦略は概ね、以下の通りとなっている。

①部分から全体へ

大会以前は小規模な広場・公園といった公共空間の改良から始め、大会開催を契機に民間セクターも含めた開発の量的な拡大を図る。特筆すべきは、市内の公園が１９８７年に４００haだったものが７５０haと倍増していることである。

②質を確保した上での量的な発展

小規模なデザインのものから大会開催による大量投資を契機とした大規模な都市開発まで、質を維持した上での量的な拡大を目指す。

写真 79　半地下化された海岸の環状道路

写真 80　再生されたバルセロナの海辺

③難しいところから始める

住民の合意形成の取りにくい場所から改善していく。具体的には、環状道路整備や空港の拡張計画等の実施などである。

これらを市長の強いリーダーシップのもと、大会後も継続的に都市のイノベーションを実施し続け、次から次へと新しい魅力を創出し続けている。

大会準備のための大量の公共施設整備は、Barcelona Holdings Olimpic SA（HOLSA）と呼ばれるスペイン政府や市などの共同出資による半官半民の株式会社が設立されている。整備期限のある中で、ファイナンスか

写真 81　テロ発生現場のランブラス通りの献花

ら工事まで役所の書類や入札といった手続きの円滑化が図られたという。

この成功はバルセロナ・モデルと呼ばれ、都市づくりの取組としてはとても高く評価されており、1999年にはRIBA（英国王立建築家協会）から市にゴールドメダルも授与されている。

このような取り組みの結果として、人口160万人の市に大会時は25万人が訪れ、90年に170万人の宿泊観光客が、1995年には300万人、2006年には670万人と右肩上がりで増え続け、2017年は年間880万人と欧州最大級の観光都市にまで成長している。

○ランブラス通りでのテロ

私の25年ぶりのバルセロナ訪問は、バルセロナの目抜き通りであるランブラス通りで、車が暴走するという痛ましいテロ事件発生の2日後に日本を発つという日程となった。

連日のようにテロ事件のニュースが流され、観光スポットにも多くの警官が張り付いていた。主犯格の男の逮捕までは、空港や主要幹線道路で検問も実施されていた。

写真82　ランブラス通りでの追悼コンサート

また、ランブラス通りの中心広場では、追悼の献花や蝋燭が大量に置かれ、毎日人々が祈りを捧げ、サグラダ・ファミリア教会では、国王も臨席する緊急追悼ミサも開催された。その同日の夕方、ランブラス通りの路上ではミュージシャンが集まり、映画『STAND　BY　ME』のような名曲を一緒に歌う追悼コンサートが開催されるなど、不要な混乱を避けて犠牲者を追悼し、犯人の早期逮捕により「テロに屈さない強い都市」という姿勢を常に示し続けていた。

私は、バルセロナに向かう機中でも、テロ事件の報道が続き、正直とても不安であった。しかし、現地入りしてテロに立ち向かう強い市民と都市の姿を見ていると、次第に不安は解消されていき、特に偶然出くわした先の路上コンサートの輪に入って、世界中の観光客と一緒に歌を口ずさんでからは、国や人種を超えた心のつながりに感動するとともに、精神的にも楽になれた。

観光を主要産業としている都市にとって、テロの発生は致命傷であり、国や市の迅速な対応と市民の冷静な反応は、現地にいたからこそ知ることができた貴重な経験であった。

写真 83　磯崎新氏設計の大会のバスケットボール会場サンジョルディパレス

写真 84　サンジョルディパレス壁面に掲示された大会 25 周年の展示

写真 85　地下鉄コンコース通路壁面の大会 25 周年の展示

○大会のレガシーを体感

私の訪れた２０１７年は、大会開催から25周年であったため、地下鉄の乗り換え通路の長い壁面やモンジュイックの丘など、街の至るところで大会を振り返る写真の展示が行われていた。開会式や選手の活躍の写真はもとより、大会で環状道路や施設が整備されて街が変わっていく様子や招致決定時の新聞報道など50種類くらいもある大作であった。市が大会開催を観光ブランド化し、それを市民のプライド（シビックプライド）とともに丁寧

写真86　五輪ミュージアムの外観

写真87　五輪ミュージアムの展示（開閉会式の衣装など）

に育てていることが強く感じられた。

モンジュイックの丘は、無料で見学できるメインスタジアムや立派な五輪ミュージアム（2007年開館）もある。バルセロナ、シドニー、ロンドンの3都市の中で、ここの展示がオリンピック関連では最も充実していて驚いた。

過去大会の歴史から始まり、スター選手が使っていた競技道具、バルセロナ大会の開会式での衣装や小道具の展示、映像資料、幅跳びやボルダリングのようなスポーツ体験エリア、大会報道の歴史、世界のスポーツ漫画、地元出身のサマランチ元ＩＯＣ会長の記念展示コーナーと、幅広く上手にスポーツや大会開催の素晴らしさを伝えるものとなって

写真 88　産業革命で発展したポブレ・ノウ地区に残る煙突などの遺産

いる。

また、バルセロナの観光名所を様々なスポーツ競技と重ね合わせて紹介するシティープロモーションビデオの鑑賞コーナーもあり、都市がスポーツを観光ツールとしても活用していることを強く感じられる内容で、家族で見て感動した。

私が宿泊したのは、大会の四つの会場クラスターの一つである海沿いのポブレ・ノウ地区にあるホテルをあえて選んだ。

この地区は、選手村をはじめバドミントンなどの競技会場があった。再生した浜辺までは徒歩1分の場所にあり、また古い住宅とともに、新しい集合住宅やオフィスが混在して立ち並んでいる。元々は、19世紀後半の産業革命によって紡績工場が立ち並び、工場労働者が暮らす街であったが、産業の衰退とともに荒廃。それが、大会開催により海辺と一緒に再生されたわけである。

選手村として使用されたツインタワーの足元は、クラブやカジノがあり、オリンピック・ポートという名称のマリーナと浜辺には、お洒落なレストランが立ち並んでいる。また、リゾート気分が高まる広い遊歩道と自転車専用道路ではジョギング、ローラースポーツ、サイクリングなどを楽しむ人々で賑わっていた。日が長く（夜9時までは明るい）砂浜ではビーチバレー、公園では屋外で卓球などのスポーツを楽しむ人が多く、仕事が終わってから繰り出している人もかなりいた。

都市の歴史的遺産と大会を契機に再開発されたエリアがスポーツ、地中海の海辺のリゾートといった要素と上手に結びついて再生を遂げた都市であると感じた。

写真 89　海岸沿いに建つ選手村であったホテル

写真 90　オリンピック・ポートの名称のついたヨットハーバー

写真 91　カルロス１世通りと選手村であったエリア

○スマートシティー化の状況

バルセロナはスマートシティー化が非常に進んでいて、大手ハンバーガーチェーン店も画面で発注、クレジットカード決済。主要な観光施設も時間別に事前予約制となっている。

市は2000年から知識集約型の新産業とイノベーションを創出するための大規模なスマートシティープロジェクトを開始し、13年から4年間でマイクロソフト社とパートナー契約し、インフラ整備から市民へのサービス提供（公務員の職場環境の改善）、交通（バス路線の再

写真 92　観光施設への入場用Eチケット画面

写真 93　再生されたバルセロナの海辺

編）や医療教育などにビッグデータシステムを活用している。

２０１４年には、ＥＵにおける最もイノベーションを推進し、生活の質を向上させた都市にも選定されている。

私は現地入りしてから予約制と知り、慌ててサグラダ・ファミリアやグエル公園などの予約をスマートフォンとクレジットカードで取得し、何とか滞在中に見て回ることができた。

施設の入場には、スマートフォンに送られてきたＱＲコードのスキャンが必要で、退場時もスキャンされた。

施設を退場した後は、今回の感想や予約システムについてのアンケートが送られてきた。恐らく、このようなデータを収集・分析して観光客の満足度や滞在時間を知り、観光収入の増加や改善を図っているのであろう。

まだ試行錯誤の最中のようでもあるが、今回の滞在で観光都市の実現にとって、スマートシティー化は必須条件であると強く感じた次第である。

なお、バルセロナの先進的でユニークな都市づくりについては、最後の第7章でも紹介する。

2 シドニー

○都市の発展の歴史

わずか2世紀足らずの間に流刑囚の集落が、世界最速で世界遺産となったオペラハウスで知られるハーバーの開発に成功し、超高層ビルの林立する近代都市にまで発展を遂げたのがシドニーである。３都市の中でロンドンとバルセロナは、ローマ帝国を起源とする古代にルーツをもつ都市であるのと比べると、シドニーは非常に若い都市と言えよう。

シドニー市は、オーストラリア大陸の南東部に位置するニュー・サウス・ウェールズ州（以下ＮＳＷ州）の州都で、オーストラリアの経済・交通・流通・文化の中心

スケッチ7　オペラハウス

地である。

　1788年に英国の流刑植民地のNSW州初代総督アーサー・フィリップが上陸した入り江の名前を、当時の英国内務大臣シドニー卿にちなんでシドニー・コーヴと命名した。そのため、移民団が歴史的な第一歩を記した建国の地と言われている。

　1842年に市制が施行され、オーストラリアで最初の市となり、その後も、産業革命後の公害に覆われた悲惨な英国都市からの移住が続き、1925年までにシドニーの人口は100万人に達している。

　街の開発は、人口の増加とともに郊外へと進み、ロンドンや東京と同様に大都市圏を構成するようになる。現在、一般に単にシドニーというと、このシドニー大都市圏のことを指し、人口は約440万人、面積は約1万2428㎢にも及ぶ。

　そして73年には、街のシンボルであるオペラハウスが竣工する。

　80年代に入り、オーストラリア建国200年の記念事業として、NSW州政府主導による再開発事業が実施される。この再開発では、市の中心部に近いダーリング・

写真 94　再開発中のダーリング・ハーバー①

写真 95　再開発中のダーリング・ハーバー②

ハーバー地区にある工場や港湾施設の跡地（約54ha）に、大会の会場にもなったコンベンションセンター、海洋博物館、水族館、大規模なショッピングセンターなどを建設している。

その後も再開発は続けられており、かつての荒廃した港湾地域から、今やオーストラリア有数の商業・観光地域に生まれ変わっている。私は２０１６年の夏に、この地区のホテルに宿泊した。

○大会招致と大会計画

シドニーの大会招致は財政的な理由などから、１９７２、88、96年大会にそれぞれ立候補を検討しながらも断念している。

そして２０００年大会の招致で、これまでの準備や経験を十分に活かして名乗りを上げ、93年に大会招致に成功する。成功の背景には、招致時点ですでにＯＰパークの複数の競技施設の建設が進められていたことや、汚染土処理などの環境改善策、水資源の再利用、緑地化による生態系保存などを持続可能な発展への積極的な取り組みをアピールできたことなどが強みとなったと言える。

また、環境保護団体と大会組織委員会が協調関係をもって、大会全体の環境基準である『大会の環境ガイドライン』を策定している。同ガイドラインは、92年の国連地球サミットで採択された原則に基づいて作成され、グローバルな環境問題を解説するとともに、大会開催都市で考慮すべき点を示しており、その後のロンドンや東京の招致活動にも大きな影響を与えている。

そして招致が決定すると、大会開催準備に向けたシドニーＯＰパーク開発計画が策定され、『１９９５年大会基本計画』として発表された。

その内容は、各競技会場と関連施設、ＯＰパーク駅と環状線路、緑地公園、道路、居住施設、ホテル、商業施設、下水道・水再利用設備などの建設・整備であった。その後、部分的な見直しが行われながら開催準備が進められていった。

大会の会場計画は、市内中心エリアとＯＰパークと屋外系競技を集約した、以下の三つのクラスターで構成されている。

写真96　シドニー港の歴史のはじまりの地区ザ・ロックス

①シドニーOPパーク

開閉会式、陸上のメインスタジアム、水泳場、体操の大会三大競技、バスケットボール、ホッケー等、全競技の半数以上で会場の集積度はロンドン以上となっている。大きさも北京に次ぐ最大級の規模を誇る。

なお、メディアセンターと選手村は、仮設の戸建て住宅であったため、現在は存在していない。

水泳会場の片側スタンドも仮設となっており、大会後に仮設スタンドは撤去され、子供たちの遊べるレジャープールエリアとしてレガシー利用している。

このように仮設を有効に使用したシドニー大会のアイデアやOPパークの整備コンセプトは、2012ロンドン大会のモデルにもなっている。

②ダーリング・ハーバー&イースト地区

ウエイトリフティング、柔道など、競技エリア（FOP）が小さくて済む屋内競技が主に既存のコンベンションセンター、エンターテインメントセンターで実施されている。シドニーの中心部であり、観光の中心地でもあるエリア。

図14　2000シドニー大会会場全体図

他にも既存のスタジアムでサッカーなどを開催している。

先に紹介したように現在は、施設の老朽化に伴う建替えが進んでいるエリアである。

③シドニーウエスト地区

馬術、射撃、ボート、自転車などの郊外型屋外競技を開催しているエリア。広大な競技エリアを必要とするため、どの大会でも郊外で実施されることが多い競技を集めている。

○大会後も継続的に再開発

英国の植民地として、大量の移民、白豪主義、先住民アボリジニの存在といった歴史のわだかまりを乗り越え、オーストラリアが国としての新たな一歩を踏み出すきっかけとなったのがシドニー大会である。その精神的レガシーは、その後のオーストラリアの躍進とシドニーの発展を支えている。

しかし、大会に併せて一挙に開発されたＯＰパーク内の施設は、２０００年大会終了後、ＯＰパークの管理機関であるシドニーOPパーク局の設置や大会後の後利用計画（2002年基本計画）が策定されるまでに2年もの空白期間があった。

そのため、OPパークの利用を巡り「無用の長物（ホワイト・エレファント）」としばらくメディアや国民の非難の的となってしまっていた。

写真97　OPパークへ向かう引き込み線車両

その後、03年にスタジアムでラグビーのW杯が開催され、OPパークのハコモノ運営はそれをきっかけにようやく軌道に乗り始めた。

レガシーへの関心が高まったのはシドニー大会以降で、これを契機に「レガシーは早い段階から仕込み、大会後にできる限り早く施設などを市民解放することで大会開催メリットを市民に享受してもらうことが大切である」という教訓へとつながっていった。

ちなみに後述するロンドン大会のOPパークは、この教訓を活かして大会開催前に運営組織をつくり、大会後早期にパークや新設競技施設をオープンさせることに成功している。

OOPパーク計画とレガシー巡り

OPパークは、持続可能な街づくりを広範に進めるため、05年に20か年の計画として『2025年構想計画』が発表され、その後具体的な『2030年基本計画』が立案され、2010年3月から実施されている。

この計画では、少し開発が遅れ気味の商業機能を駅の近くに集中させ、新しい住居施設やコミュニティ利用にもそれぞれ開発区域を割当てる、教育機関はスポーツ施設の近くに設置するなど従来の計画よりも的を絞っている。

写真 98　スタジアムの観客対応のため巨大な OP パーク駅

写真 99　OP パーク内　メインスタジアム

私がＯＰパークを訪れた昨年７月（２０１６）は、日本の冬にあたる時期であったがＯＰパークでは、学生のホッケー大会が開催され、ジョギングをする人、市民バレーボール大会、アクアティックセンターでは、子供たちが楽しそうに遊んでいた。そして夜には巨大なスタジアムで、ラグビーの試合が開催されるなど、プロからアマまで幅広くスポーツイベントが行われていた。

複数の競技施設が集積した強み、周辺に開発用地が広がっており、長い年月をかけた新しい街づくりがゆっくりではあるが今も着実に続いている。

しかし、前年

写真 100　OP パーク内　シドニースーパードーム

写真 101　OP パーク内　ホッケーセンター

（2015）に訪れたロンドンのOPパークは4駅使え、ショッピングセンターも併設されていることからすると、鉄道の引き込み線が一本のみで飲食を楽しんだりする場所も少なく、郊外地域の巨大スポーツ公園の印象をぬぐえなかった。

また、バルセロナに比べて、この場所でかつて大会が開催されたというイメージや記憶を甦らしてくれるような記念展示や仕掛けが少なく、寂しくも感じられた。

一方、大会時の競技会場が数多くあったダーリング・ハーバー地区は、まだ再開発が続いており、観光客や地元の人たちで活気に満ちていた。

評判の悪かったモノレールは数年前に撤去されており、大会時に柔道やウェイトリフティングの競技会場であったコンベンションセンターが40％も拡張され、再開業にむけて姿を現していた。

また、都心部には低床のＬＲＴ（路面電車）が新たに敷設中であり、町中の至るところで軌道の設置工事が大々的に行われていて、不思議な景観を作り出しているのが印象的であった（２０１５年に着工し、全長12㎞で19の停車場を設ける予定で、現在このＬＲＴは開通している）。

写真 102　OP パーク内　アクアティクスセンター

写真 103　LRT 敷設工事帯

オーストラリアでは19世紀から20世紀前半にかけて路面電車が活躍し、シドニーは南半球最大の路面電車の街と呼ばれていた。

しかし、自動車の普及によるモータリゼーションの到来で路面電車は交通渋滞の原因と批判され、１９６１年までに撤去されてしまった。最近は世界的にも排ガスを出さず、低床でバリアフリー、バスの5倍近く乗れて輸送力大きく、効率的と再評価されている。
この計画を進めるＮＳＷは、都心部へバスを含む車の乗り入れを制限する施策も打ち出している。また、ＬＲＴの整備には、ＰＰＰ（官民連携パートナーシップ）方式を採用し、ＬＲＴの再生が盛んな欧州のスペインとフランスの企業連合が請け負っているという。

日本でも富山市や宇都宮市などＬＲＴをキーとした都市再生が進んでおり、一時衰退したものが再度見直される事態となっている。東京も都電荒川線や世田谷線のように奇跡的に生き残った路線がレトロさを醸し出しながら走る姿に都市の歴史を感じさせてくれているように、時代の流れにただ流されるのではなく、冷静かつ長期的な視点をもって都市づくりはデザインされるべきであるということを示唆していると言えよう。

最後にシドニー大都市圏は、36年までに人口が２００万人も増える見込みのようで、第2空港の建設計画に合わせて、大都市圏を大きく三つのエリアに分けて多核化を進めていくようである。２０１６年には、シドニー大都市圏の開発計画が公表されている。

このようにシドニーは、大会開催から16年経った今（２０１６年当時）も継続的に再開発を続けながら都市力を高めており、是非ともまた訪れたいと思わせてくれる魅力的な都市であった。

3　ロンドン

○都市の発展の歴史

西暦1世紀に外洋から船でテムズ河を遡って来たローマ人が、川の北側と南側を結ぶのに便利な最初の地点として現在のロンドン辺りを選び、ロンディニウムと名付けた。これは、島の先住民族ケルト人の「沼地にある砦」という意味の言葉から作ったものという。

このエリアは、今でも都市のメモリアルな位置付けを

写真 104　テムズ川からシティ方向（1999 年）

持ち、「シティ・オブ・ロンドン」と呼ばれ、大ロンドン市長とは別に名誉市長まで存在している。

　ローマ人が去ったあとは、ヨーロッパ大陸の北部からヴァイキングが何度も襲来、今日のドイツあたりから来た複数の民族がブリテン島に定住して、いわゆるアングロ・サクソン人となった。

　ロンドンの繁栄の礎は、「世界の工場」と言われ、世界に先駆けて独力で達成した産業革命こそが、他国の追随を許さない成熟の時代を成しえた基盤であろう。しかし、その繁栄もアメリカ、ドイツなどが台頭し始めると陰りを見せ始め、産業革命の反動からやがて福祉国家への道をたどっていくこととなる。この激動の時代は、ヴィクトリア女王の時代（在位１８３７年～１９０１年）と重なる。

　ヴィクトリア朝のロンドンは、工業化で都市に仕事が生まれ、鉄道での移動が可能になったおかげで、巨大都市がさらに巨大になった時代である。19世紀の初め、既に人口１００万人を数えていたロンドンは、19世紀を通じてさらに人口集中が進む。１８４１年の調査では、半世紀の間に2倍以上の増加を示して、２２３万人にまで

写真 105　港湾労働者の街であったドッグランドのタバコドック（1998 年）

写真 106　テムズ南岸エリアに整備された国立フィルムミュージアム（1998 年）

図 15　大ロンドン計画概念図

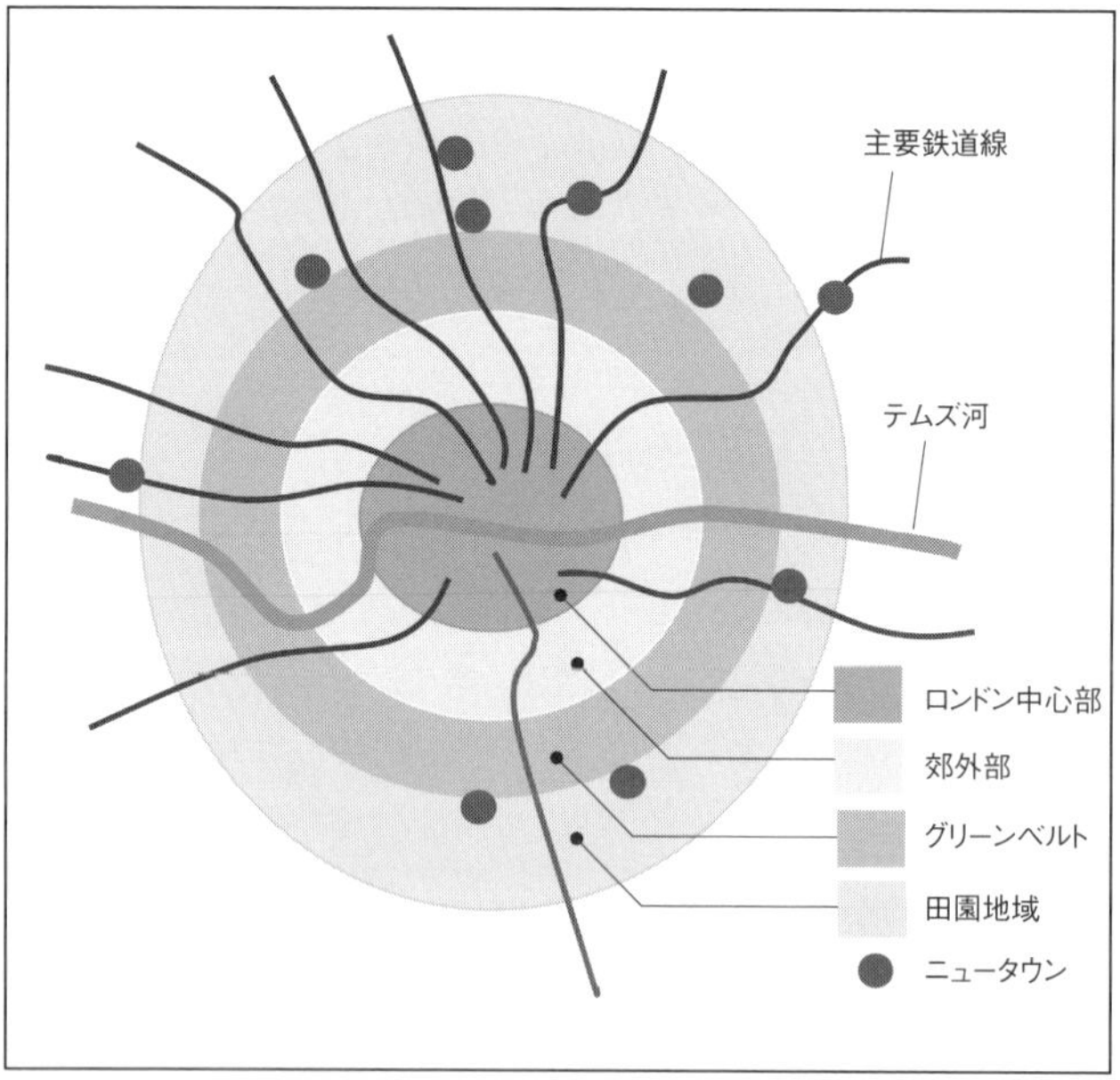

増加、さらに半世紀後、ヴィクトリア女王の亡くなった１９０１年には、６５８万人にまで増加している。人々は、英国の南部地域、アイルランド、そしてドーバー海峡をこえて東欧から流入してきた。そして彼らの多くは、ロンドンの東や南の地区に住んだ（このエリアがドックランドやテムズ南岸のミレニアムウォーク、ＯＰパークのように90年代以降の再開発エリアである）。

そして、彼らの大半が何の技術も持たない未熟練労働者たちであったものの、そうした人々にも仕事の機会が存在したのが大都市ロンドンだったのである。彼らは低賃金労働者としてその日暮らしであり、当然住まいはスラム的なものとなる。19世紀の工業化の進展は同時に工場のばい煙や廃棄物による公害問題、労働人口の都市への集中による衛生環境の悪化、犯罪の増大、失業者による貧困によりスラムや様々な都市問題を生み出していった時代でもあった。

○ロンドン県と特別区の設置

ロンドンの人口がピークに達すると、今度は郊外へのスプロールが始まる。

１８８８年に地方行政法が制定され、ロンドン周辺の各地方を四つの県（County）に分け、直接選挙で選ばれる県会を設けた。ロンドンの場合は、ロンドン県会ＬＣＣ（London County Council）と、それを補完するものとして27の特別区を設置した。

ＬＣＣは、１８９０年の住宅法に基づいてシティとその周辺のスラムの解消を計り、中層の集合住宅を建てて地区の改良を行っていった。

ロンドンは、１６６６年の大火で大規模な都市改造が行われ、中世の木造都市から石造の都市に生まれ変わっている。そして次の大きな都市改造の機会は、第二次世界大戦の被害を受けて開始される。ロンドンへの過度の人口集中による弊害の克服と戦災復興を意図してロンドン全域の都市構造を改良する『大ロンドン計画』（１９４４年：Ｐ・アバークロンビー教授）が発表される。

写真 107　水族館などに転用されている元 GLC 庁舎とロンドンアイ（2015 年）

写真 108　西暦 2000 年祭に向けて整備の進むノースグリニッジ地区（1998 年）

写真 109　西暦 2000 年博覧会会場となったミレニアムドーム内部（2000 年）

この計画ではロンドン地域を同心円状に、中心部―郊外部―グリーンベルト―田園地域と捉えている。中心部の既成市街地では再開発を行い、人口を抑制する一方、田園地域にはニュータウンを建設し人口の受け皿とする。グリーンベルトは都市の無秩序なスプロール化を防止するために保全される。

そして１９４６年には、ニュータウン法が制定され、人口の分散を計る新都市建設の方向が打ち出された。

○ＧＬＣの設置と１９８０年代

ＬＣＣと特別区で大ロンドンの行政を担っていたものの実質的にアウターロンドンはインナーロンドンの連坦地域となっていた。そこで１９６５年に大都市問題解決のため両者を合わせた地域全体を担当区域とするＧＬＣ（Greater London Council）が設置された。

ＧＬＣ設置で最も重要とされたのは、当該地域全体を網羅する都市計画（戦略）であったが策定開始から９年後の75年にようやく承認された。

せっかく承認された計画も73年のオイルショックに伴う経済停滞に関する対応が反映されず、また、都市問題解決のためＧＬＣは次第に組織を肥大化させ、かえって事務の遅滞など官僚主義的な傾向が強くなってしまっていた。そのため、ＧＬＣは都市経営のスリム化の象徴として、86年サッチャー政権によって廃止されてしまう。ちなみにＧＬＣは、最大時２万５０００人の職員を擁していたというから、その廃止は驚きである。

それでもＧＬＣは大ロンドン計画を軸に製造業が転出し脱工業化の変化の中で、いくつかの再開発に手をつけていた。中でもテムズ河下流域を中心にした港湾エリアであるドッグランドの再開発は有名である。

○90年代からミレニアムプロジェクト

私は１９９０年代後半から２０００年頃にかけて、ロンドンに何度も通っていた。その頃のロンドンは、ニューレイバー（新しい労働党）ともてはやされ、人気のあったブレア政権であったが、サッチャー保守党政権時代に行われた大胆な構造改革がようやく功を奏しはじめ、英国病と言われる長く低迷した社会経済から抜け出し、世界の金融街として再生していく最中にあった。

ブレア政権は「モダン・ブリテン化」策を掲げ、とりわけ2000年のミレニアムという節目をマイルストーンに首都の機能更新を強力に推し進めた。

その背景には、先にふれたEU圏における都市政策重視路線への転換があり、また、94年に全長5㎞に及ぶ英仏海峡がユーロトンネルでつながったことにより、都市間競争が激化したことなどが挙げられる。そしてロンドンは、数多くのミレニアムプロジェクトを打ち出す。世界中で千年紀を祝う中、世界標準時の基点となるグリニッジ天文台のあるロンドンこそ千年祭の中心地であるとのコンセプトを掲げ、祭典のメイン会場としてミレニアムドーム（現O2アリーナ、ロンドン大会時の体操等の競技会場）をグリニッジのさらに先のテムズ下流域に

写真110　ミレニアムプロジェクト①新市庁舎

写真111　ミレニアムプロジェクト②ミレニアム・ブリッジとテートモダン（奥）

写真112　ミレニアムプロジェクト③地下鉄ジュビリー線の延伸（ノースグリニッジ駅）

新設。

また、約100年振りにテムズ河にミレニアム・ブリッジを架橋、開発の遅れていたテムズ河南岸の遊歩道に沿うように、旧火力発電所を現代美術館テートモダンへ改装、世界最大級の観覧車ロンドンアイの設置、大英博物館の中庭改修、シェークスピアのグローブ座の再建などである。

写真113　ミレニアムプロジェクト④大英博物館ミレニアムコート（設計ノーマン・フォスター）

○『ロンドンプラン』と大会招致

2000年は他にもGLCが廃止された課題を踏まえ、スリムで政策立案に特化した戦略官庁としてGLA（Greater London Authority）が誕生し、ロンドン市初の公選市長選挙も行われ、ケン・リビングストン氏が初代市長として当選している。

大都市圏一帯を統括する政府機能がなく、グローバル時代における競争力が落ちたことと、大会招致活動の母体が必要となったことなどがロンドン市復活の背景にあるといわれている。

2004年に2回目の当選を果たしたリビングストン市長は、市民、市のスタッフと一緒に練り上げたこれまでの経済、交通、環境、福祉といった都市戦略を包括的に統合した大ロンドン市の空間開発戦略『ロンドンプラン』（ロンドンプラン研究会訳　青山元副知事監修のもと、都職員などの有志で翻訳書が出版されている）を発表する。

この戦略では、ロンドンの中心部の複合開発と東部地

スケッチ８　テムズ川の夕景

区の再開発により、新たな雇用と住宅を提供してコンパクトなままで、サスティナブルに都市を成長させていくことを主軸に構成されている。

これまで地方から流入してくる都市人口を大ロンドン計画により、周辺都市に拡散的に受け入れてきた流れであったのに対して、『ロンドンプラン』ではコンパクトシティを選んだところが大きな特徴である。このようにロンドンは自らの都市の強みと弱みを分析した上で明快な都市戦略を構築し、それを下敷きにオリンピックの開催計画の核となる交通や会場のマスタープランを策定。大会招致に名乗り出て、２００５年に有力候補のパリを破って見事に招致を勝ち取ったわけである。

○大会計画とレガシー

これまでロンドンの都市の発展から大会招致につながる流れをみてきたが、最後に大会の会場計画と大会後のＯＰパークの様子、今後のロンドンの都市開発について見ていく。

なお、ロンドン大会の計画とレガシーについては、既に都庁各局や（一財）自治体国際化協会などの報告も多

図16　2012ロンドン大会会場全体図

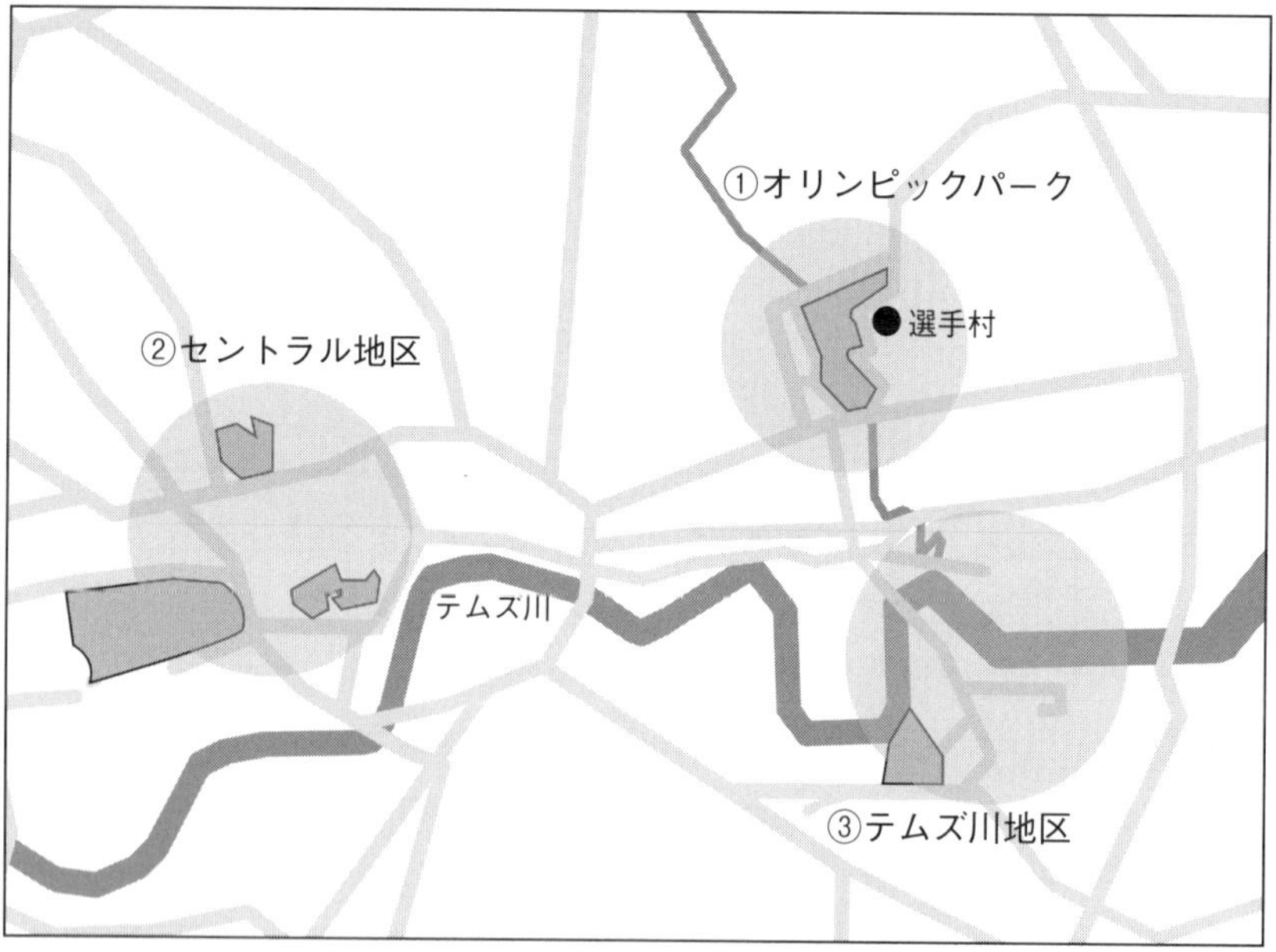

数存在するため多くは触れないが、大会時の会場配置計画だけ紹介する。

全部で34会場あり、ロンドン市内は大きく三つのクラスターで構成されている

①オリンピックパーク（9競技会場）

開閉会式や陸上競技を行うメインスタジアム、選手村、MMCの大会三大施設が集約された典型的なOPパーク。

ブラウンフィールド化していたエリアを一体的に再開発し、交通ターミナルであるストラットフォード駅の改良や路線増強、ショッピングセンター建設計画ともリンクさせ、広大なエリアを短期間で再生を図った。

パーク内には、2020東京大会の新国立競技場のコンペに勝ったアラブ系英国人の女性建築家ザハ・ハディドのアクアティクスセンター（競泳、高飛び込み会場）、自転車競技場（ベェロドローム）やハンドボールの会場となった体育館などの恒久施設と、100％仮設で整備されたバスケットボールアリーナや水球会場、大会後に移設されたホッケー競技場のように仮設会場も多数整備されている。

写真 114　OP パーク①メインスタジアムと展望タワー

写真 115　OP パーク②ベェロドローム（自転車トラック会場）

写真 116　OP パーク③ベェロドローム（内部の木製トラック）

写真 117　OP パーク④カッパーボックス（ハンドボール会場）

写真 118　OP パーク⑤カッパーボックス（内部の売店）

写真 119　OP パーク⑥巨大な五輪オブジェ

②セントラル地区

ロンドンの中心部では、ロンドンの都市景観を戦略的に広報するため、ビーチバレーはバッキンガム宮殿の衛兵のいるホースガード・パレード、マラソンや自転車ロード競技のゴールのザ・マル、トライアスロンは水質などの問題があったと聞いているが、ハイドパーク内の池を使用し、見事に観光拠点をアピールしている。

また、テムズ川下流域に国際展示場エクセルが建設されるまで、唯一の国際展示場であったアールズコートでは、バレーボールが実施された。

写真 120　OP パーク⑦選手村であった集合住宅

写真 121　OP パーク⑧ MMC（再利用され、スタジオなどが入る複合施設）

写真 122　OP パーク⑨巨大な遊具で市民利用中のアクアティクスセンター（内部）

写真 123　OP パークに隣接して整備されたショッピングセンター

③テムズ川地区

テムズ川最下流域にあるコンベンションセンターエクセルでは、ボクシングやフェンシング、西暦２０００年祭のメイン会場として鳴り物入りで建設されたミレニアムドーム（設計：リチャード・ロジャース）、現Ｏ２アリーナ（大会時名は、スポンサーの関係でノースグリニッジアリーナ）では、体操競技が行われている。

また、世界標準時のグリニッジ天文台近くのグリニッジ公園では、総合馬術、王立砲兵隊兵舎では射撃競技が実施されている。

エミレーツ社がゴンドラを整備、大会時は、テムズ川に仮設の浮き桟橋を設置して、観客の分散移動を実施。

他にもコンサートやサッカーの聖地ウェンブリースタジアムやテニスの聖地ウィンブルドン、カヌーやボート、ヨットといった水系競技は、さらに郊外の会場で実施されている。

○大会後のロンドン

私は２０１５年に約15年振りにロンドンを訪れた。ミレニアムプロジェクト以降もテムズ河沿いの再開発は継続され、さらに金融街であるシティには超高層ビルが一気に建設されていて景観の変化に驚いた。

ＯＰパークは、全競技の半数を集積させたシドニーほど会場が集積していないものの、開発規模や工場等の汚染地を地域固有種の保全などに配慮しながら再生させて

写真124 セントポール寺院の天蓋から再開発が急激に進むシティ方向

いる点は類似している。

一方で違いもあり、大会時はバスケットボールやホッケー会場はフル仮設であったり、水泳場の増設スタンドも仮設であったりとロンドンは更に仮設を活用している。また、シドニーより都心部に近いためアクセスに4駅使用可能であり、大会前に大型ショッピングモールもオープンできたこと。さらには、大会期間中から大会後の施設運営主体を設立し、大会の熱が冷め止まぬ内に一部を供用開始することができたことなど、シドニーとの立地の違いや失敗を糧に、改善が上手く図られている。

しかし、それでも私が訪れた際、メインスタジアムや放送センターの建物は、大会から丸3年経っても改修工事中であった。

メインスタジアムは、地元のサッカーチームのホームスタジアムになるのだが、暫定的に2015ラグビーW杯に向けた改修工事を行っていた。

11棟の建物が建設され、1万6500人の選手とオリンピック関係者の宿泊施設となった選手村は、新たな住宅地としての再開発が行われており、「イースト・ビレッジ（East Village）」と名付けられ2800戸の住宅に

写真125　テムズ川を横断するゴンドラから02アリーナ（旧ミレニアムドーム）

改装された（内半数が低所得者向けのアフォーダブル住宅に利用）。

30年までにOPパーク内に、計8000戸におよぶ五つの新しい住宅地が誕生する予定であり、ストラットフォード駅周辺は、タワークレーンが立ち並び高層住宅をいくつも建設中であった。

しかし、パークを中心に駅に近いニューアム区とは反対エリアであるハックニー区は、ロンドンでも最も貧しい地域の街並みのままで、そのギャップに驚かされ大規模集中開発の光と影を見たような気がした。

もっともバルセロナやシドニーを考えれば、大会から10年以上経たないと、大会開催や再開発の効果は十分には評価できないであろう。

その他のエリアについても少しだけ紹介すると、一時期低迷していたテムズ下流域のドックランド再開発も景気回復や欧州大陸から優秀な人材がロンドンに移り住み、シティに次ぐ第二の金融街として確実に成長をとげている。

13年6月に当時のジョンソン市長は、「2020年へのビジョン―地上で最も偉大な都市―ロンドンの野望」と題する報告書を発表し、今後数十年間で急激な人口増加が予測されるという大きな課題を抱えていることを指摘しつつ、金融、商業、文化・芸術、メディア、教育、科学等の分野での世界の中心地としての地位を強化する

写真126　OPパークと隣接するハックニー地区の境界

写真127　最も貧しいエリア、ハックニー地区

べく、様々な施策を実行する必要性があると強調している。

　この報告にあるように、大会後も市内のいたるところで再開発が行われており、30年までに、現在600万人である人口が1000万人にまで膨れ上がるという試算もある（その後、英国のEUからの離脱や新型コロナウイルスの影響などにより、変化がある可能性あり）。

　大会を成功裏に終え、近年IOCの望む持続可能な取り組みとレガシーを重視した成熟都市型の大会モデルを築きあげたロンドン。久しぶりにロンドンを訪れ、大会から3年が経過（既に5年）しても、活気にあふれたロンドンの姿を肌で感じることができた。

4 まとめ――3都市から東京へフィードバック

最後に3都市を巡って学んだことから、東京大会との違いやフィードバックできそうなことを整理する。

会場全体配置計画を紹介してきたが、3都市とも大会開催を契機に産業構造の変化に伴い発展の遅れていた地域や土壌汚染地などを大規模に再開発し、都市改造と都市のイメージ向上を図っている。

特にシドニーとロンドンは大規模な再開発エリアを1点に集中させてOPパークとして整備している。

一方、バルセロナは分散型であり、かつての万博会場跡地をメイン会場とし、選手村を含む第2会場エリアの開発で海辺を再生し、さらに他の分散会場整備に合わせてスラムの解消等を図っている。

また、OPパークを整備した2都市でも、シドニーはOPパークと選手村も含めた周辺開発の長期計画を16年間で3回も軌道修正し、2030年を目標に緩やかに進めている。

それに対してロンドンは、都市全体の長期ビジョンの中でシドニー同様30年を目標年度に掲げており、OPパークとその周辺開発を2倍速で進めている。

シドニーは都心から距離のある郊外開発型のOPパークであり、ロンドンは都心域に近いエリアの再開発であるため、立地や都市の人口増加のスピード、社会経済状況の違いなどが影響していると思われる。開発スピードの速いロンドンでは新たな都市問題として、開発されポテンシャルの上がったエリアと、開発から取り残されたエリアとの間で格差が生じ始めているような印象を強く持った。

○2020東京大会について

翻って東京大会は、追加競技も加わり過去最大の競技数でありながら、競技会場を効率的に集約できるOPパークもなく、会場もバルセロナ以上に広域分散している。

しかも、集客力があり選手数、競技日数ともに多い陸上（開閉会式）、水泳、体操の3大競技会場が別々にな

図17　点からの広がり概念図

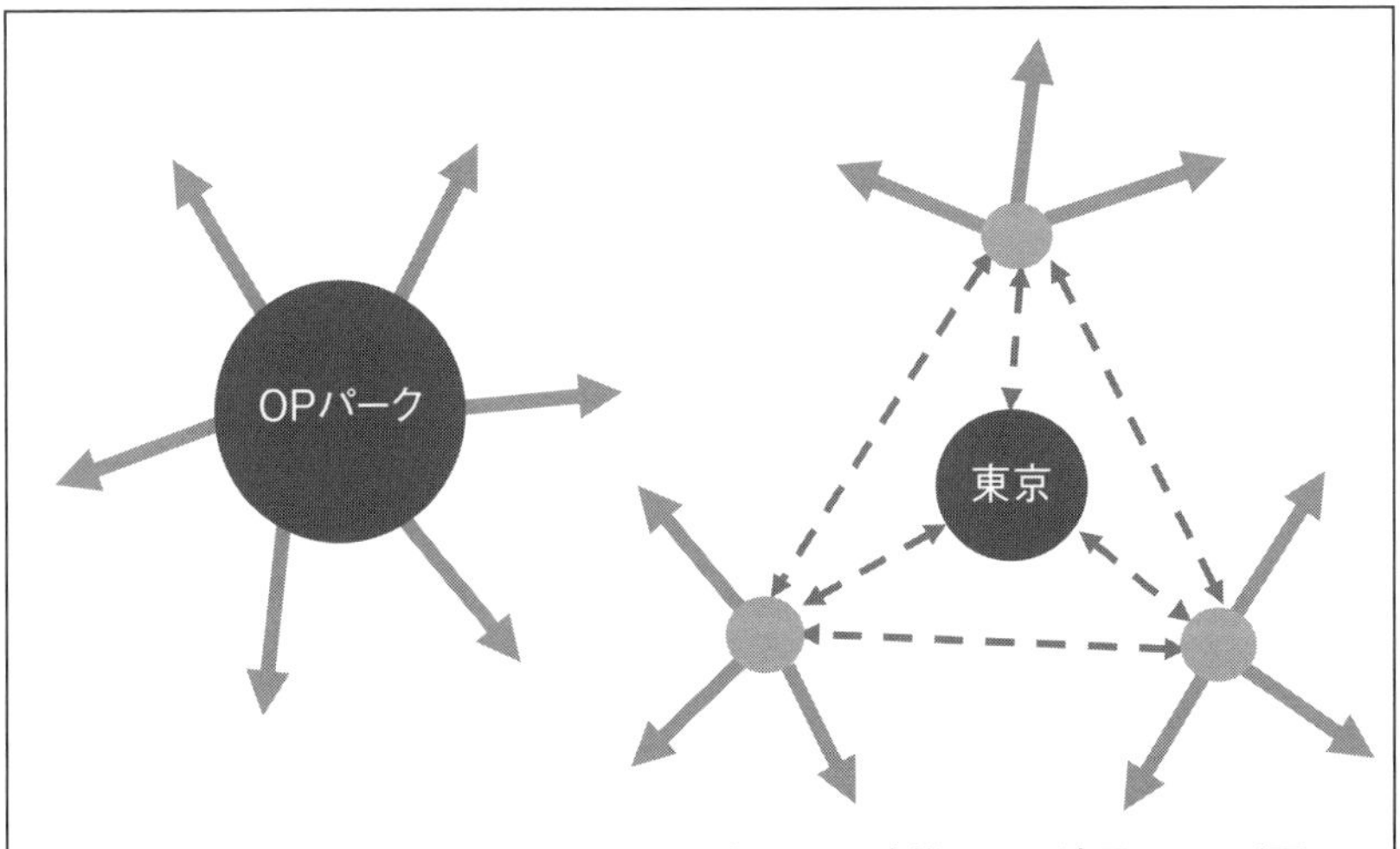

り選手村とも離れている。これらの与条件は、警備、関係者輸送、観客移動などの大会運営の観点からは、高いハードルとなるであろう。しかし、首都圏単位で見れば会場にできる既存施設がある成熟都市として、開発型でない既存施設活用型大会を実現する良い機会となる。

また、都市のレガシーの観点から見ると、会場の広域分散はＯＰパーク整備による大きな一つの面からの波及効果よりも、小さな点の分散からより大きく広がる大会の盛り上がりや、大都市圏運営における新たな仕組みの構築につながる可能性も秘めている。各会場を拠点に首都圏全域にメモリアルな都市のレガシーを生み、そこからさらに東北エリアを始め日本全体に観光やスポーツの人的、経済的交流を広げていくソフトレガシーを生みだせるかもしれない。

それゆえ大会開催が成功すれば、既存施設を活用した「広域都市連携型大会」という、成熟都市にふさわしい新たな開催モデルを生み出すチャンスとも言える。

○大会の成功に向けて

３都市は、その成立から大会開催を経て現在に至るまで、紆余曲折はあるものの、時間の積層によって熟成し魅力を増し続けてきている。

都市は消耗品ではなく、世紀を超える視野の中で計画され、常にその活動を更新し続けていくことが重要である。

それには骨太のマスタープランが必要であり、2017年に東京都が策定した『都市づくりのグランドデザイン』は、環状メガロポリス構造を下敷きに2040年代を目標とした東京圏の目指すべき姿を描いたものとなっている。首都圏の広域拠点間の連携や都の広域調整機能の発揮など、グレーターロンドンやグレーターシドニーのような大都市圏の抱える課題解決に向けた広域計画が、このタイミングで更新された意義は大変大きいと思う。

2013年に東京が2020大会の開催都市に決定して間もなく、ロンドン大会に係った人たちの話を聞く機会があった。その時の話で印象に残ったのは、「最もうれしかったことは、大会後にロンドン市民の間で大きなイベントを成功裏に開催できたという自信と満足感が広がったことである」と語っていたことであった。都市空間全体を使うメガイベントを成し遂げたという達成感は一入であろう。東京大会では、その感動をより広域の人たちと分かちあえるのである（実際には、無観客開催となり実現せず）。

「広域都市連携型大会」の成功の鍵は、難しい大会運営のミッションをしっかりとこなすことと、分散している中での大会の盛り上がりである。そのためには、大会運営を支える関係者間（国、都、関係自治体、大会組織員会）のスムーズな連携と市民の巻き込みが最重要ポイントである。

是非とも2020年に日本全体で大会の成功を祝い、成熟した都市のレガシーを構築して、パリに自信を持ってバトンを渡したいものである（2017年の『都政新報』への連載時と異なり、無観客開催となってしまい、オペレーションも大幅な変更となった）。

第5章

大会と都市の水辺の再生

——臨海副都心とソウル大会を中心に

1 臨海副都心開発と2020東京大会

この章では平成30年間の時間軸を中心に、２０２０東京大会の東京ベイゾーンや、30周年を迎えた韓国のソウル市を流れる漢江（ハンガン）の水辺で開催された１９８８ソウル大会などにスポットをあてながら「大会と都市の水辺の再生」をテーマに見ていく。

※この章は、２０１９年の連載記事をベースに構成しているため、表記は２０１９年時点の内容を必要に応じて時点修正等の解説を加えている。

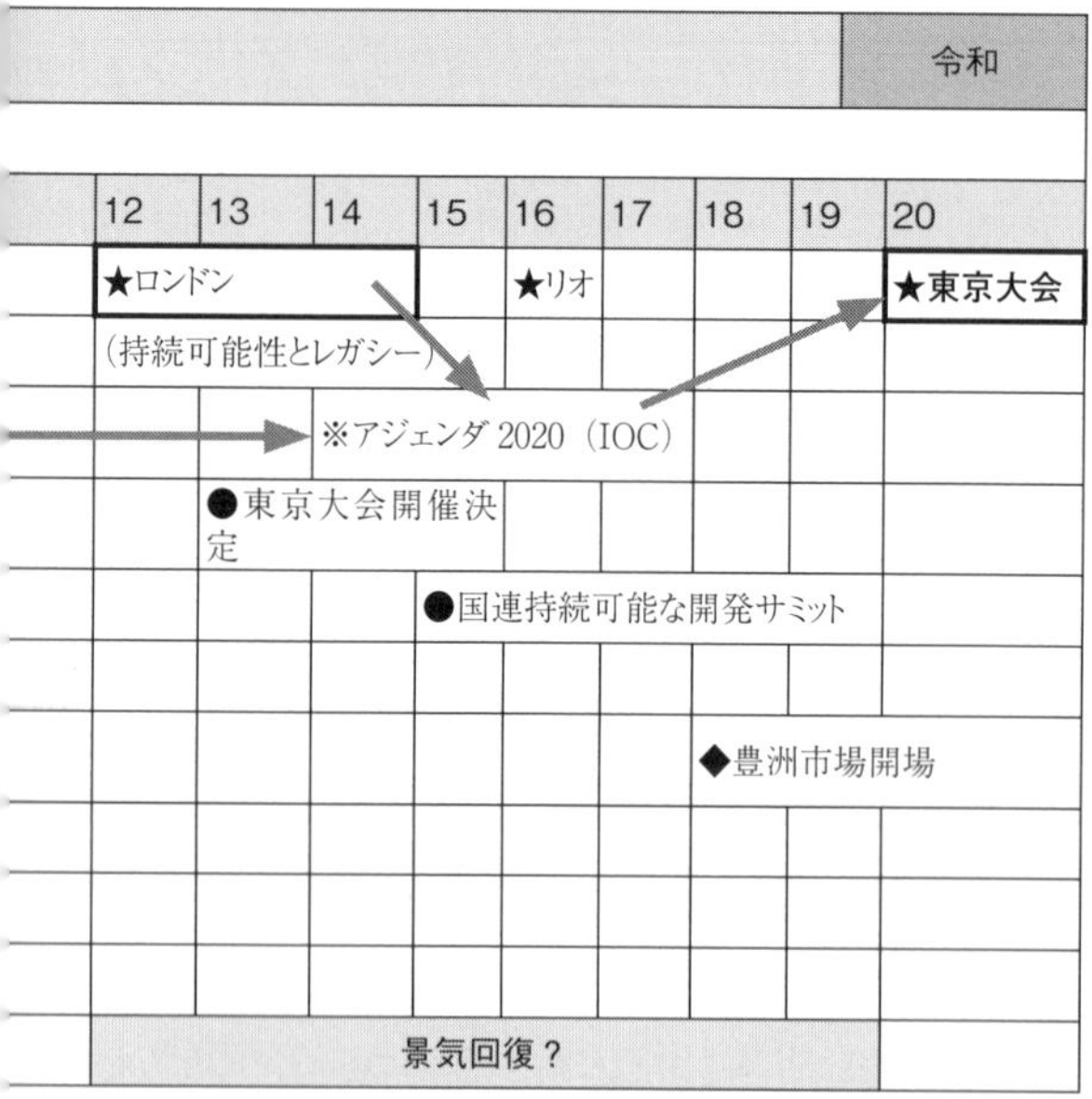

約30年に及ぶ平成が終わり、新たに令和元年を迎えた。今から約30年前、平成を迎える直前にアジアで2回目の開催となる五輪、１９８８ソウル大会が開催されている。この大会は、１９７６モントリオール大会以来、東西両陣営が顔を揃えた大会であり、この大会の翌年（平成元年）にはベルリンの壁が崩壊し、東西融合が急速に進んでいる。

ソビエト連邦に駐在した経験のあるＩＯＣのサマランチ会長（当時）と韓国の外交官出身のＩＯＣ委員である金雲竜（キムウンヨン）氏がルーマニアなど東側諸国の参加のために、様々な調整を行ったことについて大会を振り返る著作『バーデンバーデンからソウルへ』に克明

表7：平成30年間と大会や社会の出来事年表（個人的主観による）

元号	昭和	平成													
年代	1980年代		1990年代							2000年代					
西暦	1988	89	90	91	92	93	95	96	97～	2000	03	04	05	06	08～
大会名	★ソウル大会				★バルセロナ			★アトランタ		★シドニー		★アテネ			★北京
	（東西陣営の融合）				（都市力向上）			（既存施設活用）		（環境配慮）		（経済危機）			（大規模開発）
												※アテネと北京大会で整備された競技施設の荒廃問題			
出来事		●ベルリンの壁崩壊											●愛知万博		●リーマンショック
					●国連地球環境サミット						●清渓川復元事業（ソウル）				
				●ソ連崩壊						●ロンドン西暦2000年祭					
臨海開発	◆臨海副都心開発基本構想策定					◆レインボーブリッジ完成								◆ゆりかもめ豊洲延伸開業	
		◆臨海副都心開発事業化計画策定					◆ゆりかもめ開通								
								◆世界都市博覧会開催予定年（95年に中止を決定）							
								◆国際展示場完成							
経済	バブル期			バブル崩壊からの失われた10年						次の失われた10年					

写真128　ソウル大会のメインスタジアムとマスコットのホドリのペイント

に書かれていて興味深い。

1988ソウル大会の競技会場となった施設群は、開発の遅れていた漢江の南岸の中州を埋め立ててスポーツクラスターやロッテワールドなどを建設したウォーター

写真 129　飛行機から臨海副都心を俯瞰（2018 年）

フロント開発型大会であった。

また、2018年は、ソウル大会から30周年であると同時に、韓国の平昌で冬季五輪大会が開催されるという記念すべき年であった。

そんな平成の世が始まった頃の東京に目を向けると、ウォーターフロント開発ブームに、バブル経済の勢いが加わって「臨海副都心開発構想（1988年）」が誕生している。

しかし、その後の「世界都市博覧会」の中止決定（1995年）と開発計画の大幅な見直しなど、景気のあおりを受けての紆余曲折もあった。

そんな臨海副都心エリアに数多くの競技会場や選手村が整備され、2020東京大会が開催された。

○臨海エリアの歴史

東京の臨海部は、江戸期から埋め立てられ続けてきた。そして埋立地は、時代に応じて様々な土地利用がなされてきている。

江戸期は、『江戸名所図会』などに品川付近から風景画が描かれたように、海を眺める風光明媚な場として存在していた。

黒船来航後、お台場が建造され、江戸から明治期に移行する激動の時代には、新橋から横浜間の海岸線を日本初の蒸気機関車が走った（２０２０年の再開発でその遺構である品川築堤が発掘された）。

写真 130　お台場海浜公園と臨海副都心

写真 131　夢の島公園から辰巳海浜公園方面（2013 年）

明治24年には大森海水浴場が設置され、大変賑わっていたものの昭和36年に廃止されている。その原因は戦後復興をめざした臨海工業地帯の整備によって生じた工場排水による影響が大きい。そして、約70年間にわたって繁栄した東京の海水浴場は、１９６４東京大会を目前に控えて歴史に幕を閉じている。

その後、東京臨海部は首都圏を支える港湾物流産業を中心とした整備が押し進められていくことになる。

○首都圏を支える港湾物流拠点

都内に存在する港湾は東京港と称され、大正時代に市街地につながる最も浅い場所を埋め立てて、日の出ふ頭

写真 132　レインボーブリッジ（2019 年）

が整備される。高度成長に伴って増加し続ける貨物を受けるために、昭和40年代には大井コンテナふ頭の一部が整備され、青海コンテナターミナルと続いていく。

その後も、内陸から外へ外へと埋め立て事業の沖合展開が続き、現在は中央防波堤エリアにコンテナターミナルが整備されている。コンテナ物流で埼玉や群馬など、首都圏3800万人の物流を支えている。港湾機能の拡充と引き換えに、東京港の水辺は都民から遠ざかっていった。

そんな中、都は昭和50年に港湾法や都市公園法といった従来の法律の枠を越えた東京都独自の海上公園条例を制定し、都内初の人工海浜である「お台場海浜公園」が同年12月に開園する。

海上公園は公園の定義の弾力的な運用により、細長い緑道や臨海副都心の歩行者プロムナードなども公園として扱っている。その結果海上公園は、港湾物流機能の隙間を埋めるよう整備され続け、着実に緑と水辺が都民の手にかえってきている。

○臨海副都心開発と世界都市博覧会の中止

昭和60年代に入ると民間事業者を中心に市街地に近い

写真133　新交通ゆりかもめと豊洲市場（2021年）

内港付近では、遊休化した倉庫をライブハウスやレストラン、ギャラリーなどに改装して活用する動きが芝浦地区で起こり始め「ロフト文化」として脚光を浴び始めた。

ウォーターフロントの都市的利用は、港湾法に定める臨港地区の規定が障害となっていたが、一般市民の利用にも供する港湾再編の大号令が旧運輸省から出された。バブル景気なども追い風となり港湾再開発が「ウォーターフロント」と称されて、全国ブームとなっていく。

これを受けて東京都でも「東京テレポート構想（1985年）」が策定されている。

元号が「平成」に代わった1989年には、不足するオフィス需要などを背景に「臨海副都心開発事業化計画」が策定され、1993年にレインボーブリッジ、1995年には、新交通システムの「ゆりかもめ」が開通し、1996年の世界都市博覧会の開催により盛大に街開きが行われるはずであった。しかし、開催直前の1995年に博覧会は中止となってしまう。

その後の臨海副都心開発は、景気の急激な衰退により進出予定企業の撤退や開発計画の凍結の影響を受けて、土地利用や処分方式の変更などを迫られる。

しかし、厳しい状況下においても、地道に進出企業を募集しながら四半世紀あまりの時間をかけて、副都心として概成、開発も最終段階を迎えている。

○2020東京大会の会場計画

2013年9月には、2020東京大会の開催が決定する。大会の会場全体計画（ベニューマスタープラン）のコンセプトは、選手村を中心に半径8㎞圏内に85％の会場をまとめた世界一コンパクトな大会であった。

その後、半径8㎞圏内を越えた範囲にある既存会場（さいたまスーパーアリーナや幕張メッセ等）を活用する方向で会場変更が行われる。しかし、それでも1964東京大会では競技会場が一つも無かった東京ベイゾーンには、数多くの会場があり、新規施設も整備されている。

そのため2020東京大会は、東京の臨海部に新たなヒストリーを刻み、「都市のレガシー」を残してくれるであろう。

2 臨海エリアのレガシー巡り

○1日目（海上公園を中心に）

私は、平成から令和へと元号が変わった2019年のゴールデンウイークの2日間、東京の臨海部を歩いてみた。

2020東京大会の競技会場となる施設の多くは、海上公園と都市公園というインフラの上に建設されている。

特に海上公園は、細長い緑道や海浜などユニークな形態の公園が多い。

初めに、新橋駅から新交通「ゆりかもめ」に乗ってレインボーブリッジを渡り、お台場海浜公園駅で降りた。この公園は、トライアスロンと10㎞の水泳マラソンの競技会場となっている。

公園は、江戸時代に造られた第三台場に隣接し、入江を囲むように造られている。おだいばビーチの砂は神津島から運んだもので、とてもきれいな砂浜を構成している。水質改善の課題があるものの、江戸時代のお台場を前景に、平成のレインボーブリッジ越しに見える昭和の東京タワーの景観は、令和の時代の素晴らしい国際映像を世界に届けてくれるであろう（※2021年8月、美しい景観の大会映像は、無事に世界に発信された）。

写真 134　お台場海浜公園エリア（2019 年）

写真 135　バリアフリー化工事の進む潮風公園（2019 年）

　砂浜から水際を歩いていくと、日本におけるフランス年の記念で2000年に設置された自由の女神像（レプリカ）が見えてくる。この辺りは、臨海副都心の南北軸の一つであるウエストプロムナードの起点で、なおかつフジテレビのお膝元となっている。毎年ゴールデンウイークにはイベントが開催されており、世界の食べ物を販売する仮設テントが大量に並び、ものすごい人手となっていた。

　さらに水際を進むと、潮風公園に入っていく。潮風公園は都市公園法に基づく東京都建設局の管理する都市公園で、先のお台場海浜公園は東京都の海上公園条例に基づく東京都港湾局が管理する海上公園である。ほとんど一体としてつながっている公園でも、設置根拠が異なるところが面白い。

この潮風公園はビーチバレーの会場となる。二つの公園とも園内のバリアフリー化と思われる改良工事が開始されており、大会開催に向けた準備が着実に進んでいた（※２０２０年の1月には、このシンボリックな場所の水域に巨大な五輪マークのオブジェが設置されている）。

潮風公園から船の科学館に向かって海岸線沿いを歩くと、２０２０年の共用開始を目指して建設中の新客船ターミナルの現場が垣間見える。しかも、ゆりかもめの駅名は、早くも船の科学館から東京国際クルーズターミナルに変更されていて驚いた（※この施設も２０１９年に無事に完成したものの、新型コロナウイルスの関係で開業時期の延期等の影響を受けている）。

写真 136　お台場海浜公園の水域に設置された五輪マーク（2020 年）

写真 137　建設中の国際クルーズターミナル（2019 年）

写真 138　シンボルプロムナード公園の花壇

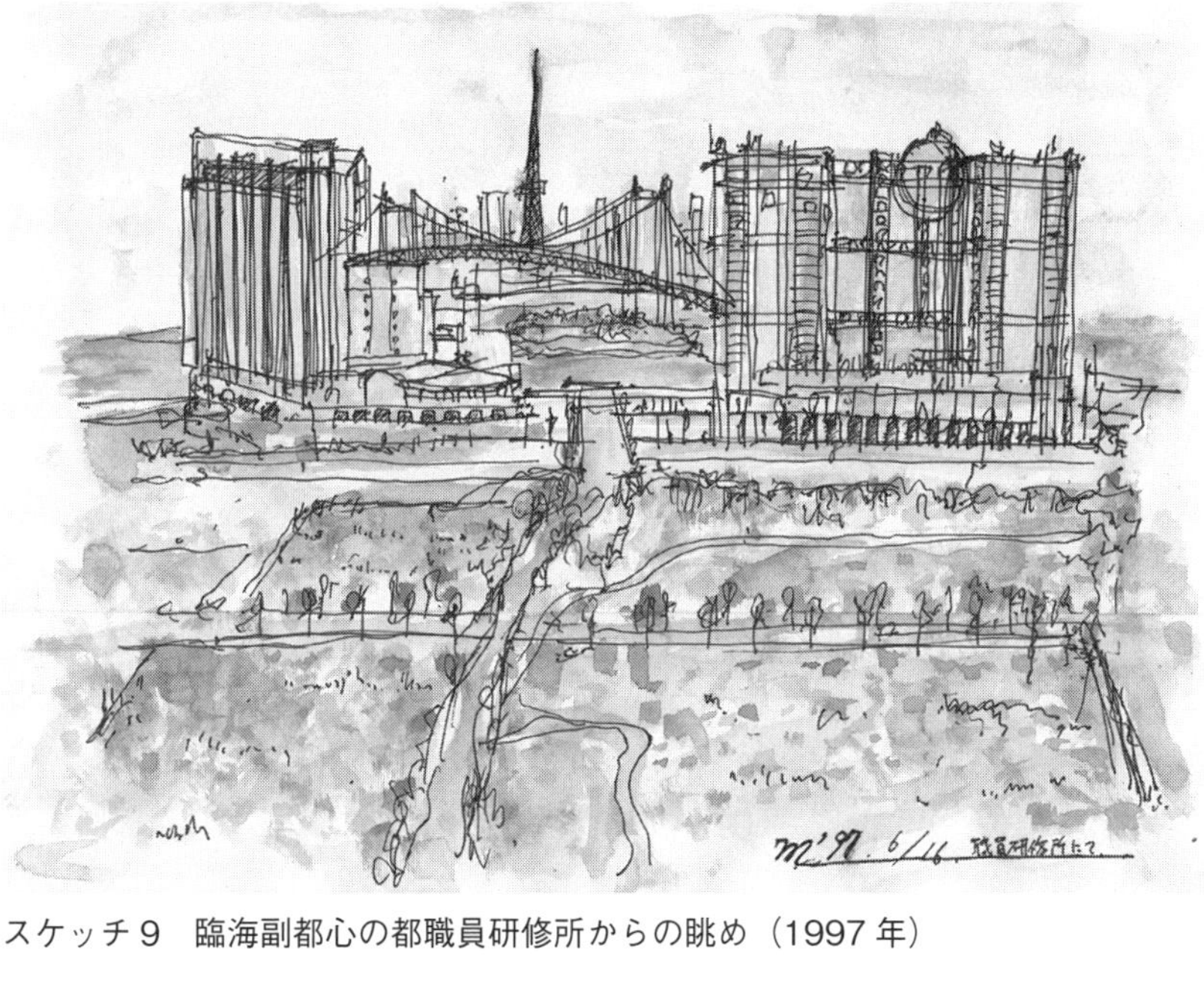

スケッチ 9　臨海副都心の都職員研修所からの眺め（1997 年）

スケッチ10　開発が進んだ臨海副都心のウエストプロムナード（2018年）

今度は、ウエストプロムナードに出て、りんかい線（臨海高速鉄道）の東京テレポート駅を経由してセンタープロムナード（夢の大橋）を目指す。

東京テレポート駅は、先にふれた臨海副都心構想にあった情報の港の名を冠している。臨海副都心のマスタープランは、道路や上下水などのインフラが碁盤の目のように整って計画されている。臨海副都心の各プロムナード全体を合わせてシンボルプロムナード公園という遊歩道状の海上公園となっている。

東京都の職員研修所の入るテレコムセンタービルは、テレポートの情報通信の基幹的施設である。門型の建物の軸線となるウエストプロムナード上には、お台場海浜公園のところでも触れたレインボーブリッジ、東京タワーまで一直線に並んだ景観をなしている。実はこの景観、東京タワーからテレコムセンターまで電波の障壁をつくらないようにする配慮から生まれているという。

話しを街歩きに戻そう。夢の大橋の手前にある夢の広場では、大会に向けて暑さに強い花を植樹する取組が行われており、２０１８年の8月にはスポーツ&フラワーフェスタが開催されている。また、向かいには完成した

図18　臨海副都心マップ

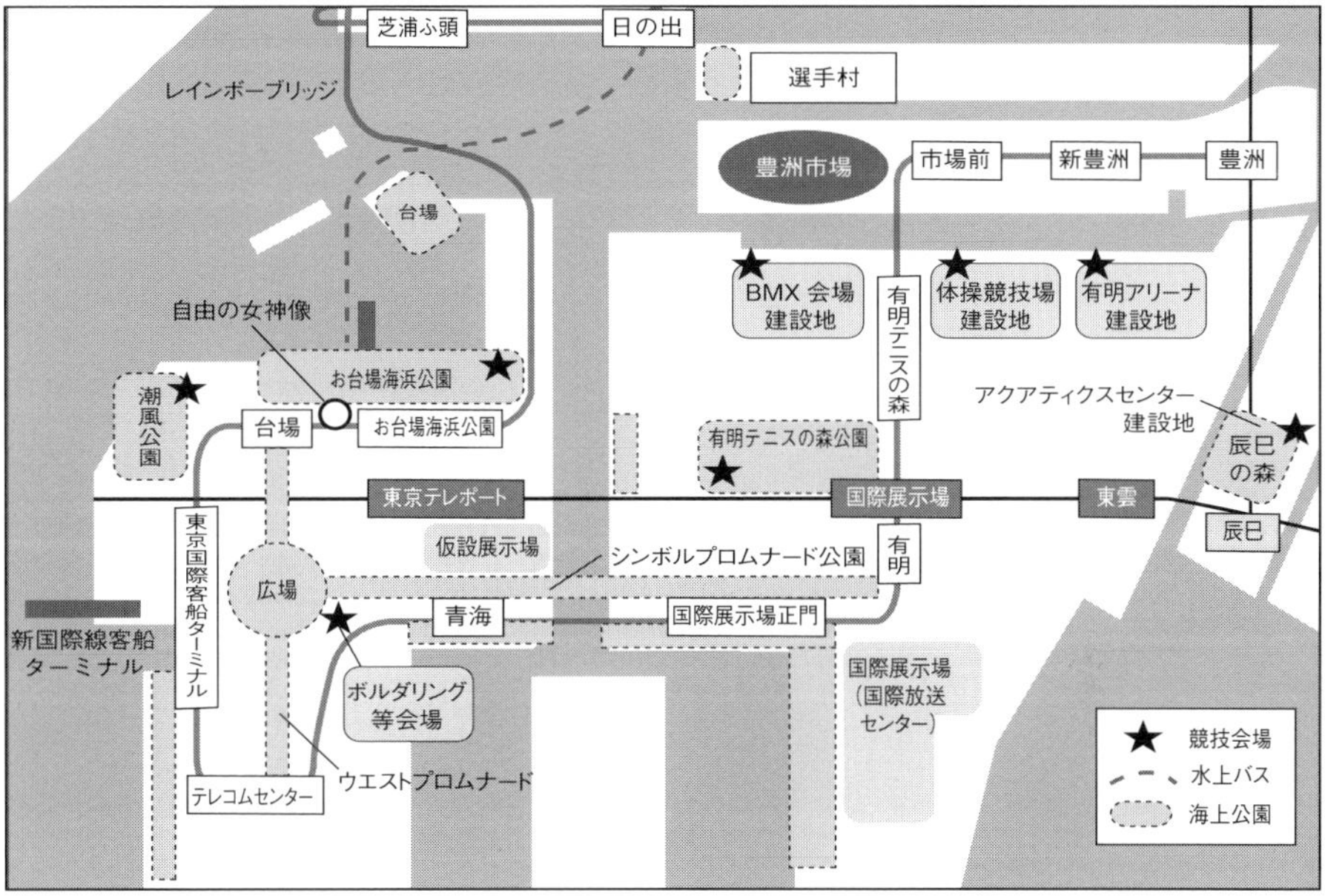

ばかりの国際展示場の仮設展示場がオープンしており、早くもイベントが開催されて盛況であった。

ようやく夢の大橋にたどりつく。この場所は第二の聖火台が設置される場所になっている。

１９６４大会では、駒沢クラスターや江の島のヨット会場にも聖火台が設置されている。多くの競技会場が集積し、選手村やＭＭＣもあり、街全体がＯＰパークのようになっている臨海副都心に聖火台が設置されることは、大会の盛り上げに大きく寄与するであろう。

最後にイーストプロムナードからテニスの競技会場である有明テニスの森公園に向かう。ローマのコロシアムを模した特徴的なデザインのセンターコートと全体で49面ものテニスコートを持つ、日本のテニスの聖地とも言える場所である。こちらも大会開催に向けて大規模な改修工事を実施中であった。

有明テニスの森公園のすぐ先は、大会組織委員会が整備する仮設のＢＭＸの競技会場が建設される予定となっている（※このエリアの施設も２０２０年には全て工事が完了している）。ここで、日も傾いてきたので１日目の海上公園巡りは終了となった。

写真 139　有明テニスの森公園

○2日目（新設の施設を中心に）

2日目は、地下鉄有楽町線の辰巳駅からスタートして、辰巳の森海浜公園を目指す。この辺りは7号埋立地と呼ばれ埋立て時期が古く、第3章で紹介した幻となった1940東京大会の招致計画ではメイン会場となっていたエリアである。実際に最初に建設されたのは都営辰巳アパート（現在は、施設の老朽化に伴い順次建替工事中）で、その後、高速道路や地下鉄有楽町線が延伸されていった。

公園は平成5年に開園し、辰巳国際水泳場やラグビー練習場、ディスクゴルフやシャッフルボードといったニュースポーツの施設も充実した運動公園となっている。この公園の一角では、2020東京大会の競泳や高飛込の競技会場となる東京アクアティクスセンターが建設中である。

工事の仮囲いからは、建物の特徴的なデザインの大屋根が姿を現しており、完成が待ち遠しい（※この施設も2020年2月に完成）。

海浜公園と連なる辰巳の森緑道公園を新木場方面に向

写真 140　辰巳の森海浜公園内に建設中の東京アクアティクスセンター

写真 141　都営辰巳アパートと建設中の東京アクアティクスセンター（奥）

かって進んで行くと、夢の島緑道公園に繋がり、東京都建設局の管理する都市公園である夢の島公園にたどり着く。ここは、高度経済成長を背景に大量発生するゴミを埋め立て処理した施設（1957年～67年）であり、1964東京大会時も含め、都市活動を裏方で支えていた場所であった（現在も区部の清掃工場の基幹的機能を担う、新江東清掃工場が隣接）。この公園内には、2020東京大会のアーチェリー会場が2019年の4月に完成していたが、バリケードで見ることはできなかった。

夢の島公園から新木場駅まで歩き、りんかい線に乗り二駅先の東雲駅で下車、歩いて臨海副都心の有明運河方面に向かう。途中で目に付くのは、UR（旧住宅都市整備公団）の建設した山本理顕氏などの建築家による集合住宅群や、住宅供給公社や民間デベロッパーによるタワー型超高層住宅群である。東雲、豊洲、有明を含むこのエリアは、臨海部における集合住宅の激戦区となっている。

有明運河に着くと、バレーボール会場となる建設中の有明アリーナが姿を現す。建物の外観はほとんど完成しているようである。そのまま、ゆりかもめの有明テニスの森駅方面に進んでいくと、組織委員会が整備する巨大な仮設会場、有明体操競技場の建設現場が現れる。仮囲いは、体操競技の図柄が描かれており、こちらも既に特徴的な曲線の大屋根が架けられていた。

写真 142　東雲エリアの超高層マンション群

写真 143　建設中の有明体操競技場

写真 144　有明運河に建設中の有明アリーナ

写真 145　お台場海浜公園の船着き場

写真 146　水上バスから建設中の選手村

更にゆりかもめの高架の下に沿って歩いていくと、昨日訪れた有明テニスの森公園（海上公園）にたどり着く。有明エリアは、競技会場の集積した一大クラスターを構成しており、大会後には1万人収容の有明アリーナを核に有明レガシーエリアとして位置づけられている。新しい国立競技場が整備された神宮エリアと並んで、大会のレガシーを象徴する場所となるであろう。

有明テニスの森駅から、ゆりかもめに乗って1日目のスタート地点であったお台場海浜公園駅で下車する。今度は水上バスに乗って日の出ふ頭までクルーズしてみることとした。チケットは、スマートフォンで乗船直前の便まで予約することができた。船に乗り、お台場からレインボーブリッジをくぐり豊洲市場、次いで選手村の建設クレーンが林立する晴海エリアを横目に、東京港で最も古い日の出ふ頭に到着。乗船客の3分の1くらいは、訪日観光客のようで、その多くは日の出ふ頭で水上バスを乗り継ぎ、浅草まで向かうようであった。

日の出ふ頭から竹芝を経由して浜松町駅まで歩く。この竹芝エリアも東京都が進める都市再生ステップアッププロジェクトにより、都有地を種地とした街区再編の再開発を実施中で、メインの超高層タワーが建設中であった。完成すると浜松町駅までの直結する高層のペデストリアンデッキも整備される（※この施設も、東京ポートシティ

写真 147　再開発が進む竹芝エリア（2019 年）

写真 148　大井ふ頭中央海浜公園内で建設中のホッケー場（2019 年）

写真149　完成したホッケー場（2019年）

竹芝として2020年9月に完成)。

浜松町駅から1964東京大会直前に開業したレガシーでもある東京モノレールに乗って、大井競馬場駅で降り、大井ふ頭中央海浜公園に向かう。ここは、運河に沿った自然あふれる「なぎさの森」とテニスコートや野球場のある「スポーツの森」で構成される巨大な海上公園である。スポーツの森の一角に新たにホッケー競技場を建設している。

ゴールデンウイーク中の公園内は、陸上競技場では中学生の競技大会が開催され、広場では家族連れで賑わっていており、ホッケー場のスタンドも姿を現していた（※この施設も、2019年の8月に完成)。

公園内も大会開催に合わせて入口の拡幅やバリアフリー化、修景などの大規模改修が実施されており、周辺道路も品川区が電線の地中化や舗装、自転車専用道の整備など関係者が連携して周辺整備も進めており、大会準備が進んでいることを体感できた。

ここまで来ると日没となり、これで2日間に及ぶ臨海部の競技会場巡りはお開きとなった。

3 ロンドンのドックランズ開発と臨海副都心

ロンドンのドックランズは、2012ロンドン大会のリバー地区競技会場クラスターとして使用されたエリアであり、また、東京の臨海副都心開発のモデルとも言われる。そのドックランズ開発について紹介する。

○ドックランズの歴史と再開発

ドックランズは、18世紀に60万の人口を擁していたロンドンの港湾機能を支えたインフラである。1793年に西インドとの交易商人が、ロンドンブリッジから5～6km下流のドッグズ島に商業用ふ頭をつくる計画を立てたことから始まる。

テムズ川の半島状に突き出たドッグズ島の根元を切り取るように掘削して、最初の西インド・ドック会社が設立される。それ以後100年以上かけて、ドッグ島周辺には多くのドッグが建設され、1921年最も下流域にあるジョージ5世ドックの完成が最後となった。

その後、船舶の大型化が更に進み、河川港であるがゆえに対応が困難であったこと、コンテナ物流への対応の遅れ、英国経済の衰退などにより1960年代後半からドッグの閉鎖が始まった。

港湾機能は、ロンドンからさらに40km下流のテムズ河口のティルベリーに移転する。これに伴い、関連製造業なども含めたドックランド地域の雇用も減り、最盛期40万人いた人口も4万人程度に激減してしまう。その結果、ドッグランズは極めて失業率の高い地域となり、インナーシティ問題としてクローズアップされていく。

大ロンドン市によるドックランズの再開発計画が策定され、サッチャー政権下の民活路線の中、ドックランズ開発公社（the London Docklands Development Corporation：以下、LDDCと表記）の設置によって、再開発が実施される。LDDCの採用した開発手法は、公共投資を「てこ」として民間投資を呼び込むという手法であった。

最初に交通の便が悪いドックランズ地域に、PFI手

図19 ドッグランド全体図

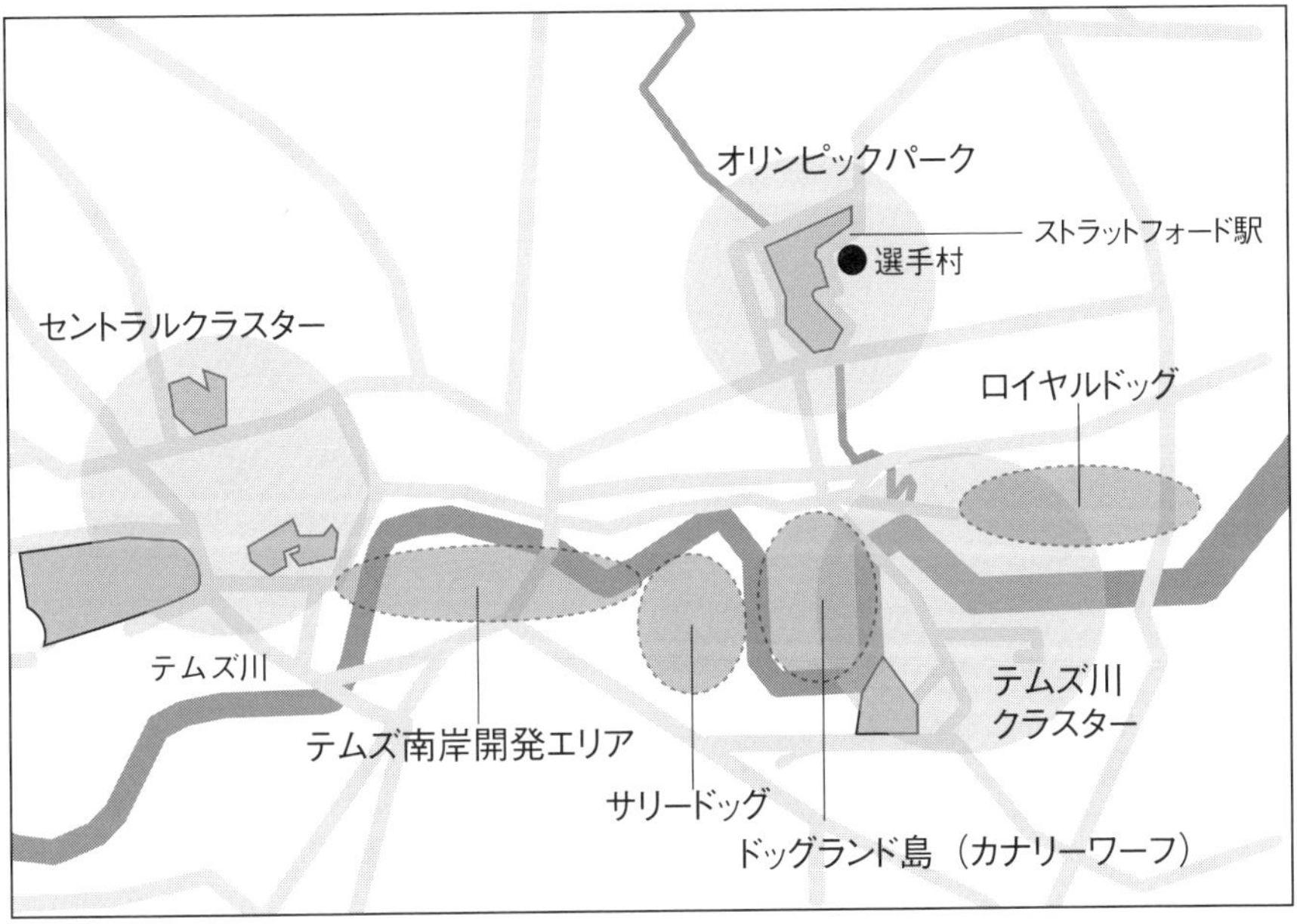

法を活用してドックランズライトレール（以下、DLRと表記）という新交通システムの整備を行っている。次いでロイヤルドックの桟橋を、ビジネス客をターゲットに市内5つ目の空港であるロンドン・シティ・エアポートとして整備。これにより西インド・ドッグ跡地に創った第二の金融街であるカナリーワーフまでDLRで直結される。また、空港の近くのロイヤルビクトリアドッグの北岸には、2012ロンドン大会の卓球やフェンシングなど7つの競技会場にもなったコンベンションセンター（エクセル）を建設している。

これらの基盤整備等によってロンドンは、金融業を中心に多くの民間投資を呼び込むことに成功した。

その後、労働党のブレア政権になりLDDCは解散（1998年）する。しかし、後継組織であるロンドン開発庁も、西暦2000年を祝うミレニアム祭を推進力（第4章の3項に記載）にして、開発の遅れていたテムズ南岸地域などの再開発に熱心に取り組む。使われなくなった火力発電所を改装した美術館テートモダンやグローブ座の再建、新市庁舎の建設、観覧車ロンドンアイなど、文化やエンターテイメントといった都市の魅力を高

写真 150　ミレニアムプロジェクト、テートモダンとグローブ座（2000 年）

め、観光を促す施設を多数整備する。

そして、これらを地下鉄ジュビリー線の延伸や、川沿いのプロムナード整備、水上交通網などで有機的につなげている。

また、2005年にオリンピック開催が決まると、土壌汚染などによってブラウンフィールドとなっていたロンドン東部地域にオリンピックパークの建設と、欧州各都市と直結する高速鉄道ユーロスターや地下鉄、DLRのターミナルとなる、ストラットフォード駅を建設するなど、交通インフラ整備を更に推し進めている。

○都市構造の違いを超えて

ゆりかもめのような新交通インフラ整備や、ビッグサイトのようなコンベンション施設建設といった公共投資によって、民間企業を誘致する開発手法は、臨海副都心開発と類似している。

しかし、テムズ川が市内を東西方向に大きく蛇行しながら流れているロンドンと、奥深い東京湾の最も内側にある離れ小島の臨海副都心では、水辺の配置や港の構造など大きく異なっている。

写真151　ドッグランズの中心、第二の金融街カナリーワーフ（2015年）

例えば、ロンドンではテムズ川に沿った水上交通網と地下鉄のネットワークが発達しているが、東京は巨大な首都圏域の物流を担う大型船舶の航路が水上を貫いているため、ロンドンのようにはいかない。

それでも歴史の産物であるドッグランズを金融街に変えてしまうセンスや、テムズ川沿いの水辺を活かした連続的な再開発など、まだまだロンドンから学ぶことは多いと思う。

ゴールデンウイークに臨海部を水上バスで移動した際、思わぬ場所と場所がつながり普段と異なる視線や感覚を得られるためなのか、気分が高揚して楽しかった。

是非とも東京も、水上交通網の更なる拡充と水辺の魅力向上を図り、ロンドンを追い越したいものである。

4 1988ソウル大会のレガシーと清渓川の再生

2018年は、韓国初の冬季五輪大会である平昌（ピョンチャン）大会が開催されたと同時に、1988ソウル大会開催から30周年の節目の年であった。そんな2018年の年末、漢江（ハンガン）の川沿いに整備されたOP・パークやスポーツ施設クラスター、選手村などを巡ってきた。また、ソウル北部に全長5・8㎞に渡って整備された清渓川（チョンゲチョン）再生プロジェクトを取材してきたので紹介する。

○ソウル特別市の成り立ち

ソウル特別市（以下、ソウルと略す）は、朝鮮王朝500年の首都であり、ソウルという言葉は朝鮮語で「首都」という意味であるという。山々に囲まれた盆地で、都市の中心を東西に韓国一の流域面積を持つ漢江が流れ、その北側に沿うようにかつての王宮や市庁舎など都市の中心域が存在している。人口は韓国の経済発展に伴って急増を続け、1975年の680万人から1990年には1061万人にまで到達した。しかし翌年の1092万人をピークにその後は減少傾向が続いている。

ソウルは、日本で言うと政令指定都市と広域自治体をミックスしたような自治体である。東京以上に一極集中が進んでおり、圏域だけで国家の半分の人口構成となっている。

○大会開催の経緯

大会開催は、1981年にドイツの都市バーデンバーデンで開催された第84回のIOC総会で、当時有力視されていた名古屋を破って開催決定を勝ち得ている。韓国が1946年に出来たばかりの新興国であったため、当時はIFやIOC委員の一部から開催を疑問視され、パリでの開催や1992年に決定したバルセロナを前倒しするべきであるとの声も出たという。

韓国は、軍事政権化のもと国民統制の手段として大会

図 20　1988 ソウル大会会場全体図

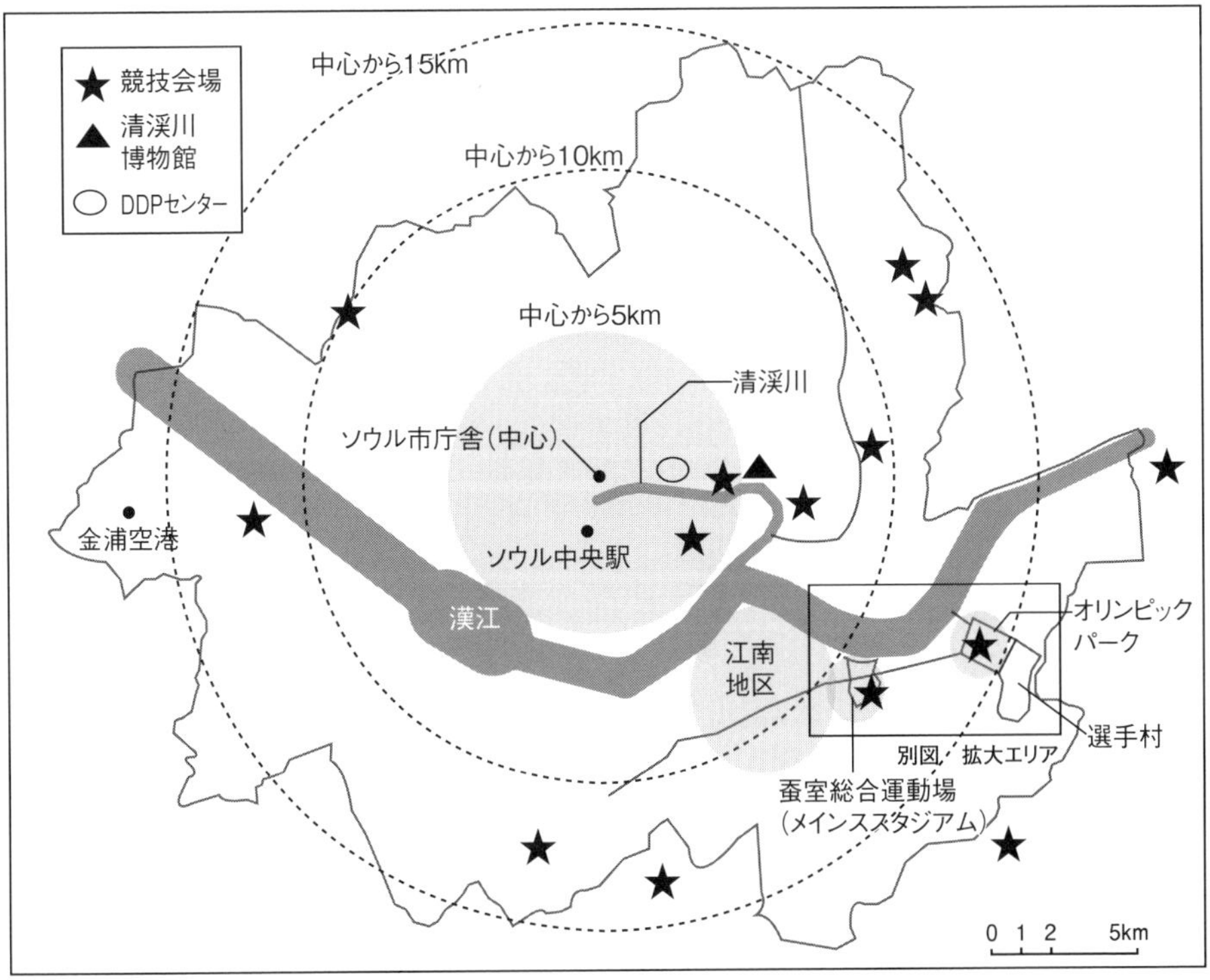

開催を計画し、国家総動員で大会招致と準備を行い、大会を成功に導いた。朝鮮戦争で荒廃し、北朝鮮との分裂国家となった韓国が経済的に復興し、見事に世界デビューを果たした大会といえよう。また、１９７６モントリオール大会以来、12年ぶりに東西両陣営が参加した大会となった。

韓国では開催年にちなんで88（パルパル）オリンピックの愛称で親しまれた大会である。

○大会の会場全体配置計画

大会の会場計画は、漢江南側の中州を埋め立てた地に、１９８６年のアジア大会開催を契機に整備したメインスタジアムや水泳場、屋内体育館、武道場のある蚕室（チャムシル）スポーツクラスターが第一会場となっている。また、そこから2駅ほどのエリアを新たに開発して整備した選手村とオリンピックパークを中心に計画されている。その他のソウル体育大学体育館などの既存施設を利用した競技会場もソウルの

図21　1988ソウル大会のメインエリア拡大図

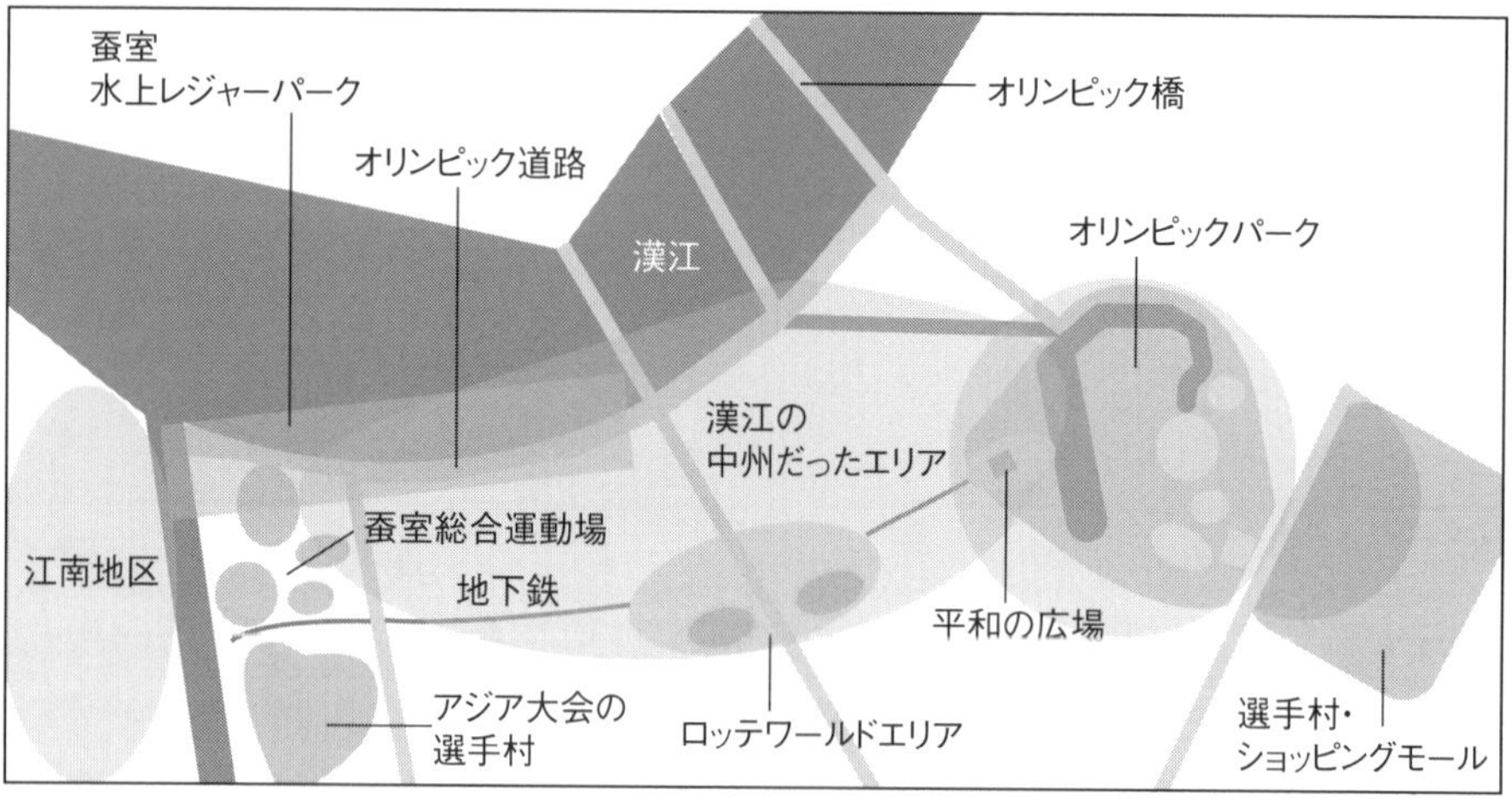

中心から半径15㎞圏内に収まっている。

ソウルは、ロンドンと同様に漢江が都市を南北に分断している。最初に街が築かれた官庁街のある北部エリアに比べ南部エリアは開発が遅れており、巨大なスラムを構成していた。大会開催には、そんな南部エリア開発の起爆剤としてのインフラ整備計画（地下鉄延伸、橋の架設、道路建設、集合住宅団地、巨大スポーツ施設）が根幹にある。

○大会後の発展

1988ソウル大会開催を通じて、世界的企業のヒュンダイグループのお膝元である江南（カンナム）やロッテワールドのある蚕室、オリンピックパークエリアの開発が行われて漢江の南側の開発が急激に進み、南北格差の解消が図られた。

その後の江南地区の発展が目覚ましかったため、今度は、漢江の北側エリアの衰退が目立ち始めた。そこでソウル市は、清渓川の大胆な水辺再生プロジェクトにより、流域の再開発を促している。

○30周年を迎えたソウル大会のレガシー

２０１８年は、１９８８ソウル大会開催から30周年の節目で、主に大会が開催された時期（９月17日～10月２日）を中心にスポーツ大会や、蚕室総合運動場オリンピック展示館とソウル歴史博物館では、「オリンピックとソウル展」など、大会に関わるメモリアルな場所で多くのイベントが開催された。

そんな２０１８年のクリスマスに蚕室クラスターから選手村跡、ＯＰパークの順に歩いてみた。

写真152　蚕室クラスターのスタジアム入口

写真153　屋内水泳場前のホドリの撮影スポット

①蚕室クラスター

スポーツをする人たちのピクトグラムが壁面にデザインされた地下鉄2号線チョンハプウンドンジャン駅を出ると、すぐに野球の会場となった蚕室野球場がある。メインスタジアムである蚕室総合運動場もすぐ隣に見える。

このスタジアムの外観デザインモチーフは、朝鮮時代を代表する白色陶磁器である李朝白磁の優雅な模様を取り入れているという。

スタジアムの正面の床面には、大会マスコットのホドリ（虎の子がモチーフ）のペイントや撮影スポットがあった。過去のオリンピック大会に出場した韓国人選手を称えた銘板や写真が整然と並んだオリンピックスター・ストリートを歩いて抜けると、バスケットとバレーボールの会場となった屋内総合体育館と屋内水泳場がある。

メインスタジアムと3駅ほど離れた選手村を結ぶために整備されたオリンピック・デロ（道路）を渡って漢江方面に向かうと漢江の川沿いにサッカー場やサイクリン

写真 154　メインスタジアム脇の韓国の選手のレガシー展示スペース

写真 155　屋内総合体育館

写真 156　屋内水泳場

写真157　選手村と一緒に整備されたショッピングセンター（左）

写真158　選手村内に設置された大会記念モニュメント

グロードなどを整備したプロムナード状の蚕室水上レジャーパークがある。蚕室自然学習場ではケイトウ、キリン草など２７９種５万本の植物が栽培されている。また、魚の生態観察などもできる。

再び地下鉄駅へ向かう途中には、ボクシング会場となった蚕室学生体育館がある。また、この辺り一帯は、１９８６アジア大会の際に選手村として建設された集合住宅群が建っている。

②OPパークと選手村跡地

OPパークのある松波区の選手村のあったエリアは、大会翌年の１９８９年に「五輪洞（オリュンドン）」という地名が付けられている。最近延伸された地下鉄９号線のオリンピックパーク駅（大会当時はなかったが、周辺開発が進み設置された）から地上に向かうと、選手村だったニュータウンのショッピングセンター前に出る。ここは選手村と一緒に建設されたのだが、建物はかなり老朽化していた。

　選手村であった建物群は、今でも高級住宅として利用されている。この巨大団地の中を歩くと、選手村であったことを伝えるモニュメントなども設置されていた。選手村に隣接して１４５万㎡（東京ドームの30個分）の広さを持つＯＰパークがある。

　パークに入ると、最初に体操競技場であったＫＳＰＯアリーナが見えてくる。ここは、最近外装をリニューアルしており、１万５０００人収容のＫ-ｐｏｐコンサートの聖地にもなっている。他にも屋内水泳場（水球）、フェンシング会場であったコンサートホール、自転車競技場であるベロドローム、ウェイト・リフティング会場であったスタジアム、ＳＫハンドボールスタジアム、テニスセンターなど

写真 159　OP パーク内① KSPO アリーナと SK ハンドボールスタジアム

写真 160　OP パーク内②大規模リニューアルされた KSPO アリーナ

写真161　OPパーク内③SKハンドボールスタジアム

写真162　OPパーク内④改修工事中の巨大な池と万国旗広場

多数の競技会場が集約して整備されており、どれも今も現役である。

パーク内には、SOMA美術館や200以上の屋外彫刻も置かれている。また、国際会議場なども併設された超高層のオリンピックユースホステルがあり、近くにはオリンピック記念館もある。

大会開催時OPパークの最寄りは、夢村土城（モンチヨントソン）駅であった。駅名のとおり百済時代初期の土城である夢村（モンチョン）がある。漢江の支流に挟まれている自然の地形を利用して泥を固めて城を作ったと推定されている。この跡地を中心にOPパークが整備されたのである。そのため、パークには城内川の遊水地機能を担う88 Lakeと音楽噴水池もあり、蛇行して流れていた漢江の治水事業も兼ねたウォーターフロント開発といえよう。

OPパークのメインゲートには万国旗の並ぶ広場と連続して平和の広場がある。この広場は仮設のスケートリンクが設置されており、未来のキム・ヨナたちが楽しそうにリンクで滑っていた。そして、巨大なシンボルゲートの直下には今でも聖火がともっていた。

写真 163　OP パーク内⑤ SOMA 美術館と大会 30 周年の広告旗

写真 164　今も聖火が灯る平和の門と仮設アイスリンク

ソウルには大会開催にあたって1970年代初めから構想されていた漢江の中州から始まる南岸エリアをオリンピックタウンとして整備するという明確な戦略があった。

大会から30年が経過したエリアを歩いてみて、地下鉄、橋、道路に集合住宅群、巨大スポーツインフラが整い、発展途上にあった都市全体のバランスを整える効果を見事に発揮し

写真165　清渓川に蓋をする工事　出典(ソウルの夢と希望清渓川　ソウル特別市より)

写真166　昔の川沿いの住宅を再現した清渓川博物館の屋外展示

ているると強く感じた。

大会開催により国際都市の仲間入りを果たしたソウルは、2003年に都心の中心域を流れる清渓川上空に建設された高速道路の撤去を開始し、川と水辺を大胆に再生デザインすることで環境先進都市のイメージを世界に発信することに成功した。

ソウル大会のレガシーの取材と合わせて、清渓川の川沿いを歩いてきたので、歴史とともに紹介する。

ソウル600年の歴史とともに変化を遂げてきた漢江の北側エリア（都心域）を東西方向に流れる支流が清渓川である。日本でいうと首都東京の都心域を流れて隅田川に至る日本橋川のようなイメージといえよう。【図20】

1900年代初頭頃から、農地を奪われた農民たちが生計を営むために大都市であるソウルに押し寄せてきた。そして、清渓川の流域に無許可で住宅を建てて生活したため、都市貧民が増加するとともに河川の汚染が深刻化。清渓川は、伝染病と犯罪の温床として悪名高い存在となってしまった。

下水道のような機能を果たすこととなった清渓川は、韓国の経済成長に伴い1958年頃から本格的にコンクリートで蓋をされ暗渠化されてしまう。そして、完全に暗渠化され一般道路となった清渓川の上に、1967年から1976年にかけて高架道路が建設された。

清渓川道路は、幅50～80ｍ、延長約6㎞あり、1984年に公式路線となっている。しかも、この暗渠の蓋の下には、上水道、電気、通信、ガス管も設置されていた。清渓高架道路の方は、自動車専用道で撤去前の通過交通量は、1日平均16万8556台あり、都心域の幹線機能を果たしていた。

ところが1990年代に入ると橋の老朽化により大型車の走行ができなくなり、川底も鉛やクロムなどの重金属で汚染されていた。また、河川水から発生する一酸化炭素やメタンガスにより、構造物の腐食が一層加速され危険な状況であった。そのため、2003年から1000億ウォン（約90億円）かけて補修する計画が立てられた。

しかし、このような補修は根本的な対策でなかったため、清渓川復元に向けた市民の署名活動が起こった。そして、李明博（イミョンバク）市長（後に大統領）のリーダーシップにより2002年、ソウル特別市による

写真 167　再生した川の最上流域である清渓川広場付近（2018 年）

『清渓川復元計画』が発表された。

復元コンセプトは、

①ソウルを人間中心の環境都市へと変貌させること。

②ソウル600年の歴史性の回復と文化スペースを創出すること。

③市民の安全性を確保すること。

④立ち遅れた都心の開発を活性化させ、地域の均衡発展を図ること。

流域には、40年から50年経過した古い建物が密集化し、定住人口が急増していて環境面での立ち遅れが目立っていた。道路交通の激しさは元より、清渓川沿いにはオフィス街、工具、電子、照明の卸売店の密集エリアもある。また、衣料品、ファッションの街となっている東大門（トンデムン）観光特区エリアは、週末に300あまりの衣料品の露店が路上に並ぶ状況であった。

ソウルは、川の復元をきっかけに周辺開発を活性化、ひいては国際金融や文化産業、ファッション、観光産業など、高付加価値産業の発展を促す起爆剤とするねらいもあった。

○難事業を3年で達成

計画は、大きく
①構造物の撤去
②河川の復元
③水の供給
④下水道の整備
⑤両岸道路と流域へのアクセス動線の確保
⑥合計22もの橋の増設
⑦造景、景観計画
⑧景観照明計画
⑨生体復元計画
⑩歴史・文化遺跡の復元
で、構成されている。

工事は、市民への影響を考慮し3つの工区に分けて、2003年7月1日から実施され、わずか2年3カ月後の2005年10月1日に完成している。

ソウル市が、この難事業を短期間で達成できた理由がとても気になるところである。ソウル市発行の冊子では、以下のような理由が記されている。

①交通対策（道路の付け替えを行わず）、乗用車の曜日による運転自粛を図るTDM、都心域の街路の一方通行の拡大、中央バス車線制度、バス路線などの公共交通の充実を図った。
②周辺住民や事業者に対する延べ4000回を超える説明会を開催し、聴取した意見結果に基づき騒音や粉じんの発生を抑制する工事工法を採用や、交通規制などへの協力に対する合意形成を図った。
③市による移転や駐車料金の補助や清渓川を巡る無料シャトルバスの運行、清渓川の復元と連動した周辺開発を推進する将来像を早期に打ち出した。

これらも重要な要素であると思うが、実際には世論の支持を得た国家の象徴的なプロジェクトであったことが最大の理由ではないかと思う。

○清渓川沿いを歩く

2018年のクリスマスシーズンに、2005年10月に完成してから13年あまりが経過した清渓川沿いを散策した。

最初に、清渓川が暗渠から顔を出す光化門（カンファ

写真168　清渓川の上流域、広橋付近からランタンフェスティバル通り方向

ムン）エリアの清渓川広場から散策をスタートする。ここから川沿いを下流の漢江の注ぎ口付近まで歩けるよう、遊歩道が整備されていて、街中の至るところから遊歩道にアクセスできる。

　東京で言う大手町のようなオフィス街の中心を流れる清渓川の水上に様々なイルミネーションが施されており、多くの見物客で賑わっていた。

　少し歩くと、電気の卸売店などが集積するエリアに入る。この辺りは、ソウルランタンフェスティバルを行うことで有名である。橋の下には、アーティストが清渓川を描いた絵画を展示したギャラリーもあった。

　更に進むとファッションなどの衣料品産業の拠点である東大門エリアにたどり着く。ソウル大会開催当時にはスタジアムがあり、サッカーの会場であった。現在は、２０２０東京大会の新国立競技場の設計コンペで勝ったアラブ出身の建築家ザハ・ハディド氏の設計したＤＤＰ（東大門・デザイン・プラザ）が２０１４年に完成している。

　ＤＤＰは、地域の主要産業である服飾業をデザインによってブランド化する拠点として計画されたが、その斬

写真 169　清渓川の中流域、DDP から周辺域方向

新な形状のため、建設に6年を要したという。アートホール、デザインプラザ、カフェなどが一体となった複合施設となっていて、スタジアムに変わる地域の顔として強烈なインパクトを放っていた。

未来的なデザインの建物の手前には、建設時に発掘された朝鮮王朝の遺跡が残置され、また、施設に直結する駅構内には、ソウル大会開催を記念する壁画がレガシーとして設置されていた。

ザハ女史は2012ロンドン大会のアクティクスセンター（水泳場）を設計し、北京の新国際空港ターミナル（2019完成）など世界中で巨大プロジェクトが進行中であったが、2016年にロサンゼルスで急逝している。

清渓川の復元に合わせて、ソウル市がファッション産業と観光産業振興の目玉として再開発を推進したエリアであり、とても活気があった。

DDP付近から先の清渓川は、丁度日本橋川が繁華街である日本橋を抜けて、隅田川に注ぐように、母なる漢江に合流する最下流域に入る。

このエリアには、清渓川の歴史と復元事業について展

写真 170　清渓川博物館の外観

写真 171　清渓川博物館の内部

写真 172　清渓川の下流域

示した清渓川博物館が事業完了と同時に開館し、２０１５年の開館10周年に合わせて展示も大幅にリニューアルされている。

近代的なデザインの博物館の前には、古い河川に不法に建設された木造住居が原寸大で展示されていてインパクトがある。博物館内部は、エスカレーターで最上階にアクセスしてスロープを下りながら、川の歴史を模型や映像などによって子供でもわかるように展示されている(日本語表記もある)。

事業完了から10年経過し、都市開発の進展や樹木の成長といった流域の変化をドローンで撮影した映像で展示していた。また、植栽などを自然の状態に復元していないことや、流水量不足を漢江の水を引き込んで補っていることで、生態系への影響を危惧する復元事業への否定的な意見も展示されていたのが印象的であった。

施設の来訪者について聞くと、子供たちへの環境教育と、海外も含めた政治家や公務員の視察が多いという。

川辺を歩き、博物館の展示を実際に見て、清渓川復元事業は、経済効率一辺倒の価値基準を転換する先進事例として学ぶべきことが多いと強く感じた次第である。

5 まとめ——水都・東京の再生に向けて

「大会と都市の水辺の再生」をテーマに1988ソウル大会やロンドンのドックランズ再開発の事例などを紹介してきた。最後に、私なりにまとめたいと思う。

○昭和、平成、令和

「昭和」は、1964東京大会の開催が戦後復興の節目となり、また、その後の高度成長の梃子となった。その経済成長は、バブルで最高点を迎える。そんな昭和の終わりに開催されたソウル大会は、日本と同様に戦争から立ち上がった韓国の経済成長の梃子となった。また、東西両陣営の参加したソウル大会の翌年には、冷戦終結につながるベルリンの壁が崩壊している。

「平成」に入ると、日本ではバブルがあっけなく崩壊してしまい、臨海エリア開発の梃子として開催されるはずであった「世界都市博覧会」も中止となってしまう。後に「失われた20年」と言われる経済社会状況の始まりで、世界に目を向けると皮肉にも冷戦終結によって、経済のグローバリズム時代が誕生する。

この失われた20年からようやく抜け出し始めた頃から、2020東京大会の招致活動が始まり、2013年の招致決定からの日経平均株価は年々右肩上がりとなった。

そして「令和」を迎え、「昭和」の2大イベントであった1964東京大会と1970大阪万博をなぞるように、2020東京大会と2025大阪万博の開催で日本が世界に注目される機会がやってくる。

時代の流れを大きく捉えると「昭和」の急成長がもたらした歪のようなものを「平成」が整え、それを元手に日本が再び世界へ打って出る時代が「令和」と言えるのではないだろうか。

○水都東京の再生

このような時代認識のもとに、話を水辺の再生に戻すと、ロンドンは、18世紀の水運の時代に建設されたドッグの再開発や、テムズ南岸エリアの集中的な開発を行っ

写真 173　水上からの臨海副都心（2019 年新東京丸引退直前のクルーズにて）

ている。更には２０１２ロンドン大会招致に合わせて策定した都市戦略『ロンドンプラン』において、テムズ川を基軸にその支流や運河をブルーリボンネットワークと位置づけ、水辺の再生と水上交通システムの強化を図っている。

大会開催に合わせて再開発されたオリンピックパークの整備は、テムズ川の荒んでいた支流の一つであるリー川の再生計画ともリンクしている。

ロンドンと同様に河川で南北に分断されているソウルは、開発の遅れていた漢江の南岸エリア開発の梃子としてソウル大会を開催し、その後、新たに発生した南北エリア格差の是正に「清渓川再生計画」を実施して、都市内のバランスを保とうとしている。

テムズ川と漢江は、共に蛇行しながら大都市を南北に隔てているが、両都市とも大会開催を契機に交通などのインフラ整備を集中的に実施して、そのレガシーを大切に維持しながら周辺開発につなげている。

翻って１９６４東京大会時の東京は、首都圏整備計画に基づいた交通インフラ整備が中心で、当時新たに生まれた臨海エリアの埋立地を開発するタイプの大会ではな

スケッチ11　アーバンドック豊洲と水上バス乗り場（2007年）

かった。むしろ埋立地は、廃棄物処理や物流といった都市の裏方を担い、光の当たらないエリアであったと言えよう。

それから56年後の２０２０東京大会は、既に開発が最終期にある臨海副都心に新たな歴史を刻むチャンスである。豊洲の石川島播磨重工ドック跡地に整備されたショッピングセンターは、ドッグの名を冠し建物も船のようなデザインで、広場には当時のクレーンも残されている。このような土地の記憶を上手に継承することが重要である。

条例制定から44年を経過し、成熟した海上公園ネットワークを軸とした水辺の復権や、現在検討されている日本橋上空に架けられた高架道路の移設なども、水都再生の絶好のシンボルとなるであろう。

水辺を活かすことは、都市の魅力向上にも繋がる。水辺の再生で最も成功した大会として、第4章でバルセロナ大会について紹介したが、開催まで２４０日余りに迫った（※２０１９年の連載当時）２０２０東京大会も、水都であった江戸・東京再生のきっかけとなり、都市の魅力向上を図る数多くのレガシー創出に期待したい。

第6章

冬季大会について

――長野大会のレガシーに学ぶ

これまで夏季大会についてみてきたが、五輪は冬季大会も開催されている。この章では冬季大会の会場計画の特徴と、日本で開催された2回目の冬季大会である1998長野大会を事例に、会場計画や約四半世紀が経過した施設の現状などについて紹介する。

1 冬季大会と会場計画の特徴

○冬季大会の特徴

冬季大会はともにフランスで開催された1924年の第1回シャモニー・モンブラン大会から、1992年の第16回アルベールビル大会までは、夏季大会と同じ年に開催されていた。しかし、1994年のリレハンメル大会以降、夏季大会開催年の中間となる年に開催するように変更された。

これは、2年に1度大会が継続的に開催されることで、常に五輪ブランドが宣伝されることはもとより、TV放送や大会のためのスポンサーが提供する大型の特殊発電機といった仮設資機材を遊ばせずに継続的利用できるメリットなどもある。

第1章で述べたように、大会の競技運営は国際ルールを制定し、その運用を図っているIF（国際競技連盟）が統括している。夏季大会は、国際陸上連盟や水泳連盟など30近くのIFで構成される。一方、冬季大会は国際スキー連盟、国際スケート連盟ほか、全部で7つしかない。そのため、夏季に比べると冬季大会の規模（競技数、選手数とも）は約4分の1と小さい。

しかし、競技が山岳部となる雪上系（アルペンやジャンプ、バイアスロンといったスキー）と大規模アリーナを多数必要とする氷上系（アイスホッケー、フィギュア、スピードスケート）の二つに集中するため、会場となる施設も集中してしまう特徴がある。

○特殊な競技施設

冬季大会の施設の中でも400mという巨大な楕円形トラックを必要とするスピードスケートの競技会場は、1972札幌冬季大会当時は屋外であった。しかし、1994リレハンメル大会以降は、夏季の競泳や自転車のトラック競技場などと同様に屋内化が進んでいる。

その理由は、天候や気候に影響されずに競技を行えることはもとより、TV放映における逆光など太陽の向きにも影響されないカメラポジションの確保などもある。

屋内化すると、細長い形状の巨大アリーナが誕生するのだが、その細長い形状ゆえ大会後の利用用途も限定されてしまう。

他にも1972札幌大会の際、ボブスレーやスケルトンの長い競技コースは、自然のコースであった。しかし、近年はパイプを巡らせてコースをアイスリンクのように凍結させる人工コースが標準になってきている。

長野大会は、「スパイラル」という愛称のついた人工コースの施設が建設された。当時は、アジアで唯一という施設であり、長野市の大会準備を担当した職員の方へヒアリングした際も、施設の設計や工事に大変苦労したとのこと。また、2018年平昌（ピョンチャン）大会の関係者も、コース設計のため大勢で何度も長野市に視察にきたという。それくらい前例の少ない施設であると言えよう。

自然のコースでは氷の固さなど微妙な競技条件のコントロールができないことや、練習できるシーズンに限りがあるなどの制約が多い。人工コースであれば、これらの制約から解放され、練習が安定的に行えるので、選手の発掘や育成にもつながる。一方で自然を制するための施設や設備の維持費用負担といった課題も生じ、バランスが非常に難しい。

ちなみに、夏季大会においてもカヌーの激流を超えるスピードを争うスラロームの競技施設は、かつては自然の河川を仕切って実施していたものの、2000年のシドニー大会以降はコンクリート構造物に巨大ポンプで水流を人工的に作り出す人工激流コースが標準となっている。2020東京大会では、都立葛西臨海公園の隣接地に人工激流のコースが整備された。

大会には競技施設だけでなく3大施設といわれる、開閉会式典用のメインスタジアム、選手村、ＭＭＣなども必要となる。

夏季大会の場合は、開閉会式会場となるメインスタジアムは、花形競技の陸上、マラソンのゴール、サッカー決勝などの会場にもなり、大会のシンボル的な施設となる。

しかし、冬季大会の場合のメインスタジアムは開閉会式やイベントのみに使用され、競技は開催されない。

また、冬季大会の特徴として、雪上系の競技はどうしても山間部の自然域を開発するため、地元の環境団体と野生動物の保護などで軋轢が必ず生じている。

冬季大会の施設の中でも特にスキー場は、後利用においても冬季のみの運営となる場合が多く、事業の採算性が更に悪くなるという特徴を持っている。

他にも山間部で開催されている主に雪上系の競技は観客数が限られ、天候悪化などもあるためメダルセレモニー（授与式）は、競技開催とは別の場所で改めて行われることが多い。

長野大会では、街のシンボルである善光寺の表参道沿いにあるセントラルスクエアがメダルセレモニーの会場であった。

○冬季大会のＯＰパーク方式

近年では、冬季大会でもＯＰパークを整備する傾向にある。大規模なＯＰパーク方式を採用した２０１４ソチ大会の会場計画について、もう少し詳しく見ていこう。

会場は、大きく二つに分かれ、雪上系の競技は山岳部のマウンテンクラスターに集約されている。一方、氷上系の競技と開閉会式は、コースタルクラスターと呼ばれる黒海沿岸の巨大なＯＰパークに集約されている。また、最寄りのアドレル駅から専用の鉄道を敷設して二つのクラスターを結びつけている。

ロシアは、冬季五輪大会の開催を通じて国威発揚はもとより、黒海に面した温暖で宇宙飛行士などのサナトリウム（保養施設）も建設されている「ソチ」をリゾート地として再開発し、世界にアピールする狙いもあった。

ＯＰパークそのものは、巨大なリゾートパークとして後利用されるとのことで、五輪大会に向けた工事に合わせてサーキット場や遊園地も一緒に建設中であった。ＯＰパーク内に集中的に建設されたアリーナなどの施設群

図 22　ソチ大会の会場全体図

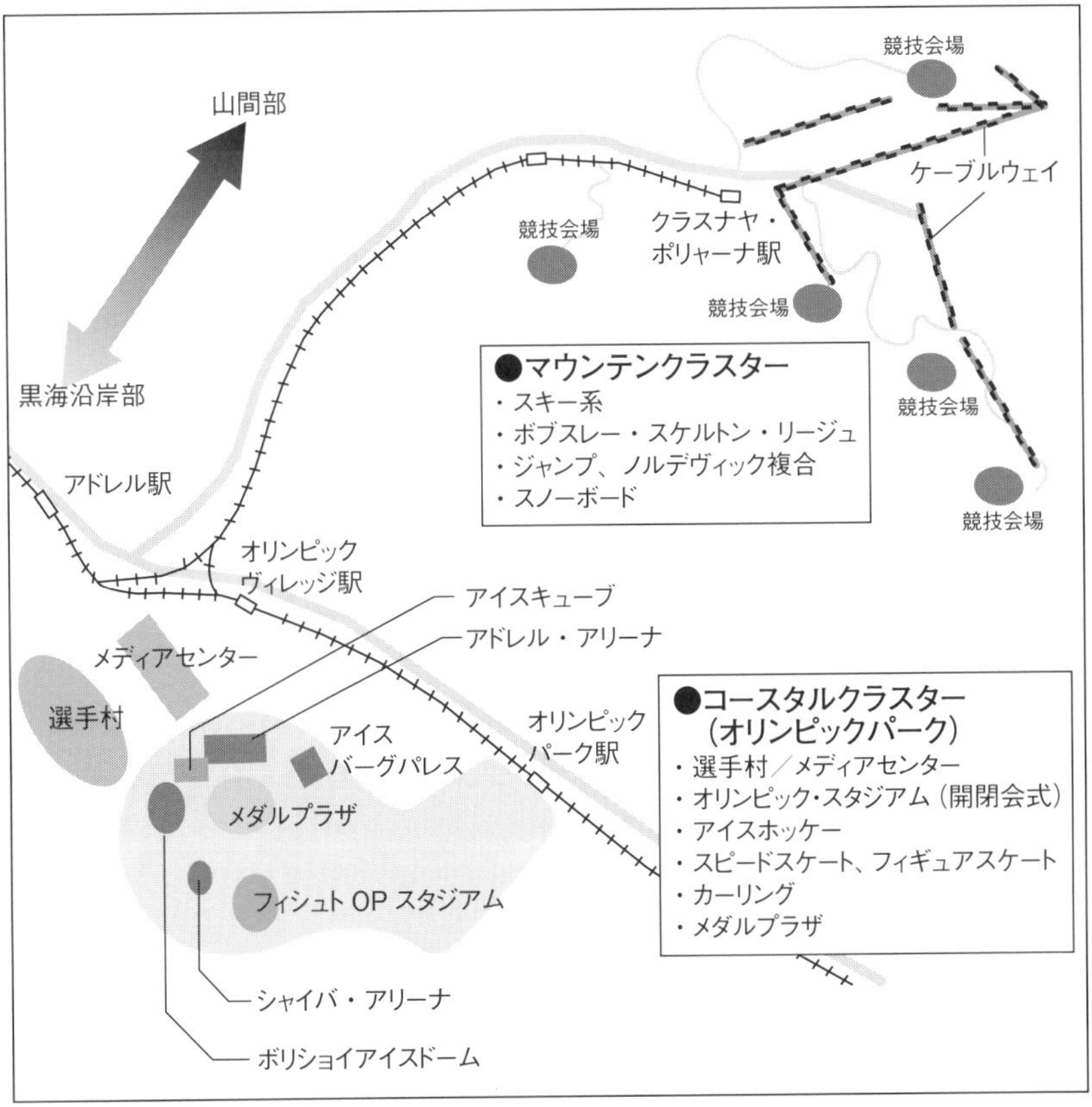
山間部
黒海沿岸部
競技会場
ケーブルウェイ
競技会場
クラスナヤ・
ポリャーナ駅
競技会場
競技会場
競技会場
●マウンテンクラスター
・スキー系
・ボブスレー・スケルトン・リージュ
・ジャンプ、ノルディック複合
・スノーボード
アドレル駅
オリンピック
ヴィレッジ駅
アイスキューブ
アドレル・アリーナ
メディアセンター
選手村
アイス
バーグパレス
メダルプラザ
フィシュト OP スタジアム
オリンピック
パーク駅
●コースタルクラスター
（オリンピックパーク）
・選手村／メディアセンター
・オリンピック・スタジアム（開閉会式）
・アイスホッケー
・スピードスケート、フィギュアスケート
・カーリング
・メダルプラザ
シャイバ・アリーナ
ボリショイアイスドーム

写真 174　ソチ大会 OP パーク全景

は、大会後に展示場や体育館としての用途転用や、別の地に移築するなどの計画となっていた。

スピードスケート会場のアドレルアリーナは、大会後1998長野大会と同様に展示場として利用する計画であったため、座席は仮設スタンドとし、大会後はOPパーク内に整備中のサーキット場に移設する計画であった。私は大会開催時の状況を視察することはできたものの、残念ながらその後の状況は把握できていない。ただ、後

写真 175　ソチ大会スピードスケート会場のアドレルアリーナ外観

写真 176　ソチ大会アドレルアリーナの内部、後利用は展示会場

写真 177　ソチ大会メダルプラザ

写真 178　ソチ大会アイスホッケーA会場（ボリショイアイスドーム）

写真 179　ソチ大会フィギュアスケート会場（アイスバーグパレス）

写真 180　ソチ大会開閉会式会場（フィシュトOPスタジアム）

写真 181　ソチ大会カーリング会場外観（アイスキューブ）

写真 182　ソチ大会カーリング会場内部（アイスキューブ）

写真 183　聖火タワー（背景は山岳クラスター）

写真 184　ソチ大会選手村入口（大会後は、リゾート施設）

写真 185　ソチ大会 MMC 外観（大会後は、ショッピングセンター）

写真 186　ソチ大会 MMC 内部（大会後は、ショッピングセンター）

写真 187　ソチ大会ＯＰパーク内のスポンサーパビリオン

写真 188　ソチ大会、二つのクラスター間を結ぶために整備された高速鉄道

写真 189　OP パーク駅前

写真 190　大会後整備予定のサーキット場

日ソチのサーキット場が完成し、Ｆ１グランプリが開催されたニュースを見た際、サーキット場のメインスタンドに座席が移設されていることを確認できた。

選手村は黒海沿岸のリゾート施設へ、ＭＭＣはショッピングセンターへと、それぞれ用途転用が図られている。

また、フィシュトＯＰスタジアムは、２０１８年のサッカーＷ杯の会場として使用されている。

そして、２０１４年ソチ大会の会場計画を参考にしたと思われる2018年平昌大会も、ほぼ同様の会場計画となっている。

ＯＰパーク方式は、大会運営を効率化でき、運営経費の削減も図れる。しかし、大会後を考えると、巨大アリーナが1か所に集中するので運営上の競合や、施設の維持費用負担が一つの自治体に重くのしかかる。そのため、大会後の施設利用というレガシーの視点にたつとあまり良い方法とは言えない。

写真 191　ソチ空港に展示されていたＦ１グランプリ開催広告

写真 192　ソチ市内の様子

写真 193　ソチの浜辺（黒海）

2　1998長野大会と会場計画

冬季大会の特徴について掴んだ上で、日本で開催された2回目の冬季大会である1998長野大会について詳しく見ていく。大会は、1998年2月7日から2月22日まで日本の長野県長野市を中心とする地域を会場として開催され、20世紀最後の冬季五輪大会となった。

大会の基本理念は、「美しく豊かな自然との共存」を掲げ、冬季オリンピックの歴代開催地の中では最も南に位置する緯度の地域であったため（緯度は、2022年北京大会に越された）、多様な生物との共存など、自然環境保護に力を入れた大会となった。

世界72の国と地域から選手・役員4638人が参加し、延べ144万2700人の観客が会場に集った。競技会場は県内北部の5つの市町村に分散しているものの、人口が最も多く県庁所在地である長野市が開催都市（Host city）となっている。

会場となった施設群は県の北部地域に配置されており、特に氷上系競技の巨大アリーナは長野市内に集中している。当然のことながら建設費用は、市の財政では賄えないため、概数で国50％、県25％、市25％の負担割合で建設している。

他にも国賓クラスの要人警護のための警察や、雪を踏み固めるために出動した自衛隊など、五輪というメガイベントは、地方の行政区でいう市や町単位で開催することは実質的に不可能となっている。

私が1998長野大会の組織委員会（NAgano. OlympiC.org：以下、NAOCと表記）に派遣されていた長野県庁の職員の方や、会場の施設整備を担当した長野市役所の職員の方へ大会準備についてヒアリングした際も「開催都市は長野市であったものの、実質的な運営は長野県と国の職員の出向者が大多数を占めるNAOCに委ねられており、市の守備範囲は限定的であった」と語っていたことが強く印象に残っている。

ここに、クーベルタンがこだわった都市を単位に開催するとした『五輪憲章』の理想と、肥大化した五輪の現

図 23　長野県全体図

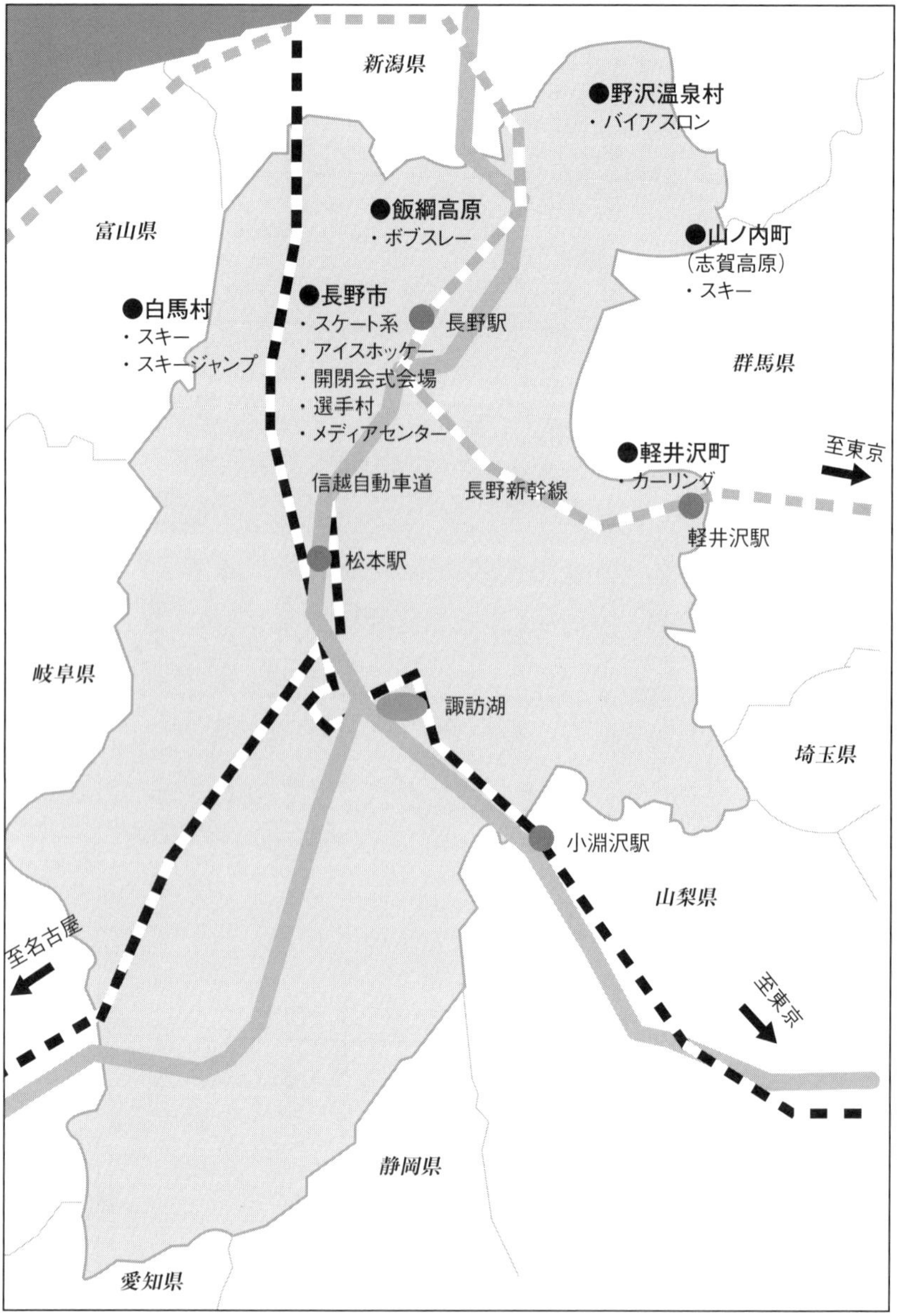
新潟県
●野沢温泉村
・バイアスロン
●飯綱高原
・ボブスレー
●山ノ内町
(志賀高原)
・スキー
富山県
●長野市
・スケート系
・アイスホッケー
・開閉会式会場
・選手村
・メディアセンター
長野駅
●白馬村
・スキー
・スキージャンプ
群馬県
●軽井沢町
・カーリング
至東京
信越自動車道
長野新幹線
軽井沢駅
松本駅
岐阜県
諏訪湖
埼玉県
小淵沢駅
山梨県
至名古屋
至東京
静岡県
愛知県

図24　長野市内の1998長野大会会場全体図

実とのギャップがある。

○会場計画と各施設

１９９８長野大会の開催は、１９９１年6月イギリスのバーミンガムで開かれた第97回ＩＯＣ総会で決定された。

大会の競技施設は招致決定前に、基本設計を終えていたという。そのため、招致決定の翌年には、次の実施設計段階へと移っている。

また、大会後に施設を利用することになる市民の意見を反映するため、市民会議を設置し、大会後の施設利用についての設計与条件の整理とその反映も行われている。

招致決定前から施設の設計を行っていた長野冬季大会でも、ＴＶ放映のためのカメラポジションの指示が厳しく、大会直前までオーバーレイ整備（大会用の仮設スタンドや装飾）対応に苦慮したとの話もＮＡＯＣに派遣されていた方から伺った。

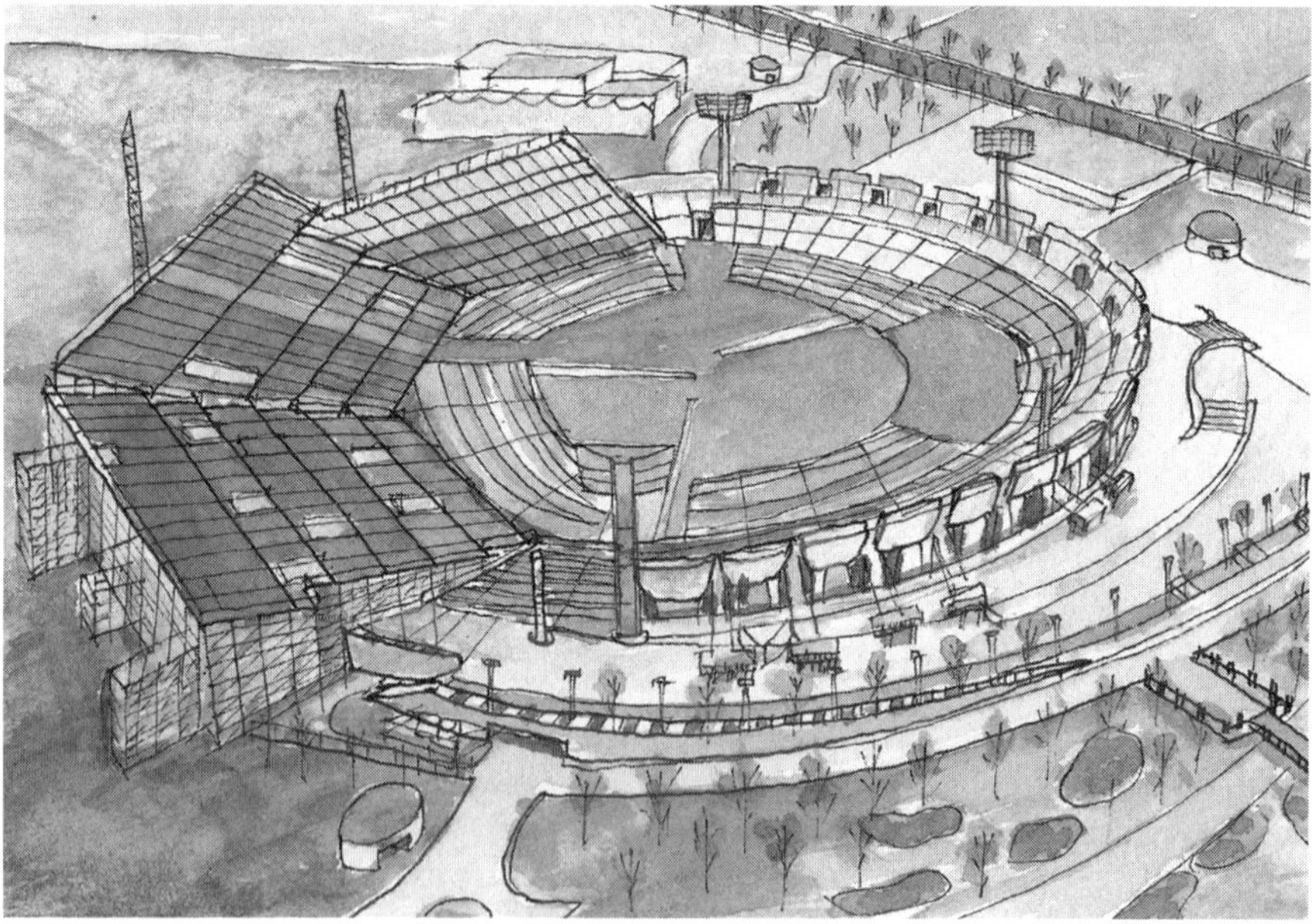

スケッチ12　建設中の長野オリンピックスタジアム

競技会場の全体計画は、氷上系の競技を長野市にクラスターとして集積させ、雪上系の競技を白馬村と山ノ内町（志賀高原）、カーリングを軽井沢町、バイアスロンを野沢温泉町で開催としている。開催都市である長野市内に開閉会式会場のスタジアム、MMC、選手村の3大競技施設を集積しており、いわば、市の中心部を巨大なOPパークとしたような会場計画となっている。

また、建設の過程での市民との合意形成の場や、施設の後利用についても早期に検討するなど、タイトなスケジュールの中で非常に良く手順を踏んでいるといえよう。

それでは、競技会場となった主要な施設を具体的に見て行こう。

①長野オリンピックスタジアム

長野市中心部にあった長野市営城山野球場（1926年竣工）と、県が所有し市が管理する長野運動公園野球場（1966年竣工）の2施設が老朽化したのに伴って、スポーツ公園「南長野運動公園」が整備されることになった。

整備後は施設を長野市が所有し、南長野スポーツマネジメント共同事業体が指定管理者として運営管理を行っている。

スタンドの躯体はサクラの花をモチーフにデザインされており、内野2階スタンドが花びらを、6基の照明塔が花弁を模している。

写真 194　セントラルスクエアの正面（2021 年）

写真 195　セントラルスクエアの再整備されたイベントスペース（2021 年）

開閉会式の会場として使用するため、内野スタンドの部分を先行して建設し、外野スタンドは、大会用の仮設スタンドを設けて仮使用した。

大会終了後に仮設スタンドを撤去して外野スタンド等を建設し、２０００年３月に野球場として開場した。

②セントラルスクエア

スキーなどの山岳部で実施された競技と、日本人選手がメダルを獲得した際の表彰式会場として使われた広場である。

大会後は長らく駐車場（休日にはイベント会場）として活用されてきたが、五輪のレガシーを引き継ぎながら街歩きの拠点として生かすため、２０１２年には一部が表参道長野オリンピックメモリアルパークとして再整備

写真 196　ホワイトリング外観（2021 年）

された。そして、2020年には残りの部分も都市公園セントラルスクエアとして再整備された。

公園部分には噴水・大型遊具・屋外ステージ等のほか、公衆便所・多目的スペース（平常時は駐車場・イベント時はシャトルバス乗降場等に活用）を備え、市民活動や観光客向けに中心市街地の活性化を図る拠点となっている。善光寺へつながる表参道に面した部分に五輪マークやミニ聖火台が設置され、大会のレガシーを感じさせてくれる場所となっている。

③ホワイトリング

長野市の真島総合スポーツアリーナ（体育館）は、真っ白な屋根のデザインから「ホワイトリング」と呼ばれている。

大会開催に伴って建設され、フィギュアスケート及びショートトラックスピードスケートの会場として使用された。

1999年に体育館に生まれ変わり、それ以降はバレーボールやバスケットボールなどで使用されている。

総工費142億円でメインアリーナは、延床面積が約

1万6060㎡もあり、すぐ裏手にあるサブアリーナは、延床面積：約3450㎡となっている。

最寄り駅もなく、地域の体育館といった立地であるものの、規模は地域にとっては非常に大きくややオーバースケール気味の印象であった。

写真197　メインアリーナ内部（2013年）

写真198　サブアリーナ外観（2013年）

④ビッグハット

長野市スポーツアリーナは、長野市の総合スポーツ施設で愛称は「ビッグハット」と呼ばれている。

ビッグハットは、延床面積が2万5240㎡もあり、

写真199　地域体育館としては、オーバースケールを感じさせる規模（2021年）

写真 200　ビッグハット外観（2021 年）

写真 201　ビッグハット内部（2013 年）

大会時のアイスホッケーA会場として建設され、名称は公募により決定されている。

大会終了後は、フィギュアスケートの公式国際競技会やアイスホッケーの長野カップを始め、多様なスポーツやイベント会場として利用されている。

夏場は、体育館やコンサートなどのイベント会場として使用されている。

隣接地には、大会開催時にメインプレスセンター（MPC）として使用された大型ショッピングセンターやNHK長野放送局なども同時期に整備された。

⑤アクアウィング

長野運動公園総合運動場総合市民プールは、長野市の長野運動公園にある屋内水泳施設で、「アクアウィング」という愛称で呼ばれている。

アイスホッケーＢ会場として使用されたが、建設当初から大会後に水泳施設として利用するように設計されており、市民プールとして親しまれている。国際大会が開催できる公認プールとなっており、水泳大会などのイベント会場としても利用されている。

写真 202　ＭＰＣとして利用されたショッピングセンター外観

写真 203　新設されたＮＨＫ長野放送局

⑥エムウェーブ

長野市オリンピック記念アリーナは、多目的アリーナで、愛称はエムウェーブ（Ｍ－ＷＡＶＥ）、延床面積７万６１８９㎡の巨大な施設である。秋季から冬季にかけては４００ｍダブルトラックを有する屋内型スケートリンクとして営業している。秋季・冬季に営業するスケートリンクは、屋内型としては日本国内初の400m標準ダブルトラックの国際スケート連盟公認リンクであり、ナショナルトレーニングセンターにも指定されている。

2002年世界フィギュアスケート選手権が開催されている。冬季営業外では各種スポーツ大会、大規模展示

写真 204　M ウェーブの模型（2013 年）

写真 205　集成木材による屋根を支える梁を持つ M ウェーブの内部（2013 年）

写真206　併設されているオリンピック記念館（2013年）

写真207　ナショナルトレーニングセンターエリア（2013年）

会のほかコンサートなども行われる。

長野五輪記念展示コーナーとして見学が可能となっている。大会のメダルや大会の開会式でＩＯＣのサマランチ会長が開会あいさつで使用した演台なども展示されている。

設計と施工を一括で発注するデザインビルド方式で建設された。

⑦スパイラル

長野市ボブスレー・リュージュパークは、ボブスレー・リュージュ・スケルトンの兼用競技施設で愛称は「スパイラル」と呼ばれている。

競技人口が少なく、維持費がかかり運営主体もいないため、長野市が直営施設で管理している。

全長１７００ｍのコースは、人工凍結方式でアンモニア間接冷却を採用。

１９９８長野大会の基本理念である「自然との共存」を踏まえ、地形改変を極力抑えたためにコースの途中に５％、15％の２か所の上り坂がある。

写真 208　スパイラルの管理棟外観とコース（2021 年）

写真 209　スパイラルの管理棟内部に展示されているボブスレー（2021 年）

用地費6億円・工事費95億円の合計101億円かけて建設。日本にはコースデザインの設計ノウハウを持つ会社がなく、ヨーロッパのコンサルタントを協力業者に加えてつくられたという。

大会後は、人工凍結方式であるために施設の運用に多額の費用が必要であり、維持管理費2億2000万円に対し国からのナショナルトレーニングセンター（NTC）強化事業委託費約1億円や利用料収入700万円程度で赤字運営となっている。

長野市は3年がかりで議論を重ね「市の負担で維持していくことは困難」との結果に至り、製氷を打ち切ることを決めた。

平昌にアジアで

２つ目の同様の施設ができたこともあり、２０１７年４月に今後製氷を休止することが公式発表されるも、２０３０年大会に札幌が立候補している関係で再稼働される可能性もあるようだ。

しかし建設から23年が経過し、コースを覆う断熱材などの劣化は激しいため、リニューアル工事が必要であろう。

写真 210　スパイラルのコース部分（2021 年）

写真 211　スパイラルの管理棟に展示されている全体模型（2021 年）

この施設は、蕎麦で有名な戸隠にいく山の中腹にあり、路線バスでアクセスできて、コースのメンテナンス用道路がそのまま、トレッキングコースの公園となっている。

また、管理棟には、実際に競技で使用されたソリやコースの模型、大会時の写真なども展示されており、大会時の様子を偲ばせてくれる。

⑧ 飯綱高原スキー場

大会の際には、フリースキーのエアリアルとモーグルの競技会場となった。

降雪量の減少によりオープンできる日が極端に減った（地球温暖化による飯綱高原エリアの高気温化、積雪量の減少、スノーマシンの未導入など）こと。また、平成17年のいわゆる平成の合併により戸隠スキー場が長野市の市営スキー場として運営開始、長野市として複数のスキー場を運営することとなり市の負担が増えたこと。

これらの相乗的な理由などにより、飯綱高原スキー場は慢性的な赤字経営で毎年長野市が1億前後の補填をしている状態だった。そこで長野市は2020年2月に営業を終了させている。

⑨軽井沢町　風越公園アリーナ

風越公園は、長野県北佐久郡軽井沢町にある都市公園（総合公園）である。公園内にある風越公園アリーナは1990年に夏季は屋内テニスコート、冬季はスケートリンクと切り替えて使用する二毛作の施設としてオープン。大会でカーリング会場として使用された。

しかし、2014年に敷地内の別の場所に軽井沢アイスパークが建設されたため、通年型の温水プールに改修されている。

⑩野沢温泉村　ふれ愛の森公園

バイアスロンの会場として整備された飯森東山地区は、銃刀法の関係で使用できず、会場変更となった。1996年にミニゴルフ場として使用され、その後は産業廃棄物処理施設となっている。

⑪その他、スキー系

山ノ内町：志賀高原東舘山スキー場／アルペンスキー（大回転）

志賀高原焼額山スキー場／アルペンスキー（回転）／スノーボード（大回転）

かんばやしスノーボードパーク／スノーボード（ハーフパイプ）2007年1月に閉鎖

白馬村：八方尾根スキー場／アルペンスキー（滑降）／アルペンスキー（スーパー大回転）／アルペン複合

白馬ジャンプ競技場／ノルディックスキー（ジャンプ）／ノルディック複合（ジャンプ）／スノー

ハープ／ノルディックスキー（クロスカントリー）／ノルディック複合（クロスカントリー）

⑫選手村

今井ニュータウンの全戸数は１０３２戸。一番多いのは市営住宅で、３１８戸ある。他には、市の職員と教職員向けの住宅、長野県や国の職員住宅、一般向け分譲住宅、企業住宅もある。

全国から選ばれた設計者と地元の設計者が協力して設計を担当しており、１９９５年から建設が始まり、既存農業用水路を活用した自然型水路、バリアフリーの公共空間と歩行者を優先した道路計画や住宅設計、電線類の地中化、シルバーハウジング（高齢者専用住宅）、省エネルギー対策（例えば、市営住宅集会所の太陽光発電など）大会コンセプトである「自然との共存」を活かした計画となっている。

3　１９９８長野大会のレガシーの現在

１９９８長野大会のレガシーについては、その後の経済効果などについて詳しく研究されている方々の成果本がある（『〈オリンピックの遺産〉の社会学：長野オリンピックとその後の十年』石坂友司、松林秀樹著）。この研究書を読むと、大会のレガシーの効果をどのように測定することができるかということが知れてとても参考となる。ちなみに１９９８長野大会当時は、「オリンピックレガシー」という表現はまだ一般的でなくて、「オリンピックムーブメント」と言われていた。

第1章で述べたようにＩＯＣは、２０１２ロンドン大会以降、このような大会後のレガシー効果測定（ＯＧＩ調査）を大会後3年間は継続し、レポートにまとめて公表するよう開催都市に求めている。

１９９８長野大会の最大のレガシーは、先に紹介した大会開催を契機に建設された施設群と信越自動車専用道と長野新幹線（北陸新幹線につながる）の整備促進といえよう。

それ以外にも、山間部の会場への道路もかなり整備されている。

先の研究によれば、長野県の南北格差問題（東京や名古屋方面にも近い、松本市を中心とした県南部の方が栄え、県庁所在地である北部の長野市周辺は、首都圏からのアクセスの悪さなどから不利である）解消する梃子となったと総括されている。

一方で、冬季大会はスキー場やジャンプ台の整備のため、山間部を開発する必要がある。「自然との共存」を大会理念としていたこともあり、大会後の自然保護対策についての研究や報告もある。

例えば、大会から10年後にあたる2008年に長野県の環境保全研究所が自然保護対策における現状と課題について、『長野冬季五輪から10年後の自然保護対策における現状と課題』編集・発行　長野県環境保全研究所という報告書を作成している。

詳細は、公表されている報告書を見ていただくとして、主に会場整備に伴い開発された山の表土復元工や巨石積工が施された法面の植生変化や白馬村のクロスカントリー会場跡地およびその周辺における猛禽類の生息状況、アルペン男女ゴールエリアで行われた河道切り替え後の河川環境復元プロセスなど、大変興味深い。

今後の課題として大会の招致活動段階での基本計画をもとに、戦略的環境アセスメントを早めに実施しておくべきであると提案されている。

2000年シドニー大会から、オリンピック施設については環境アセスメントの実施が行われるようになり、今は義務化されている。

また、大会後の競技施設の後利用にもふれており、施設の利用者が多かったのは大会から数年に限られたとあり、今後の大規模修繕が課題とある。さらに施設はできる限り既存施設を使用するのが望ましいとも記されており、示唆に富んだ内容となっている。

ハードのレガシー以外にも1998長野大会から広まったものとして有名なのは一国一校運動がある。この運動は、オリンピック開催地の学校が応援する国を決めて、その国の文化や言語を学習したり、オリンピック選手や子供たちと交流したりして異文化理解を深めようとする運動。ＩＯＣにも高く評価され、その後の大会で導入さ

写真 212　千曲川と犀川に架かる五輪大橋

写真 213　五輪大橋の料金所

れている。

長野という国際空港から離れた地方都市での大会開催は、上信越自動車道路や長野新幹線といった交通インフラの整備が積極的に整備され、開発型の1964東京大会を踏襲している。その結果、市の人口や財政規模に見合わない大規模公共施設を数多く所有することとなり、その後の借金返済に苦労したことも事実である。

それでもNAOCの決算は約50億円の黒字となり、基金としてスポーツ振興助成金を設置。大会の会場であったメモリアルな施設群を巡りながら市内を走る、長野五輪記念マラソン大会なども毎年開催している。

私はこれまでに3回ほど長野市を訪れているが、長野市は大会開催によって生まれた施設や場所にプレートやモニュメントを設置するなどして大会の記憶やヒストリーを伝える取組を継続している。

その背景には、五輪大会が世界に「NAGANO」という都市の認知度を高めてくれたことを、市民も誇りに思っているからではないかと思っている。

参考に大会から20年経過した段階での市民アンケートが実施・公表されているので、一部を紹介する（『長野オリンピック・パラリンピックから20年』一般財団法人長野県世論調査協会）。

この調査では、「大会を開催して良かったか」との質問に、88％が良かったと回答。「最大のレガシーは何か」という質問に、長野新幹線の開業となっている。また、スパイラルの休止については、仕方がないと42％が回答している。

○大規模修繕期を迎える施設群

長野市は集中して整備された施設について、早くから市民を巻き込んで施設の後利用計画の策定や運営事業者の選定も行っている。

それでも市は、市の規模に見合わない施設整備費用の起債の返済や、維持費用負担に苦しんできた。

大会開催が市の財政に与えた影響をみてみると、1991年に大会開催が決定。1992年度に127億円だった市の市債借入額は1993年度には406億円と3倍強となり、1992年度は724億円だった市債残高は開催年の1997年度には1921億円まで膨らんでしまっている。

市債の元利返済額である公債費は、1992年度に76億円だったが増え続け、ピークの2004年度には229億円に達し、近年まで200億円を超える高水準で推移していた。

市は、大会から15年経過した平成25年10月に『長野市公共施設白書』を公表。平成27年7月には、『長野市公共施設マネジメント指針』を策定し、人口減少や少子高齢化などの社会情勢の変化に伴う厳しい財政状況を踏まえた公共施設の統廃合や今後の更新について方向性を示している。

平成29年3月には、施設の総合的かつ中長期的な方向性を定める計画として『長野市公共施設等総合管理計画』を策定。

そして、長野市は大会から20年の節目となる2018年に、借金返済を終え財政の健全化を図った。施設は、建設から20年経つと外壁や屋上防水、ポンプなどの設備の大規模改修が必要となる。そのため、赤字経営が続き

写真 214　善光寺の隣にある再整備された城山公園（2021 年）

競技人口も少ないスパイラルのコース凍結を休止し、客足の減った飯綱高原スキー場を廃止するなどの経費削減努力を行っている。

全国的に共通して公共施設の整備は、高度成長期とバブル期（１９９０年代初頭）に集中している。しかし、長野大会はバブル期の後に開催されており、大会に合わせて整備された大規模施設群の完成ピークが、全国のピークよりも少し遅れて存在している（ちなみに東京は、１９６４東京大会に合わせて集中整備されたため、全国で最も早くピークを迎えている）。

そして、集中的に整備された施設群は、間もなく建設から30年を経過する。２０２５~２０３０年頃には、大規模リニューアル工事が必要となり、工事に要するコストのピークを迎えることとなる。

施設は、建設されると60年以上という長い時間軸で存在し、その維持更新費用は光熱水費までも含めたライフサイクルコストで見ると、イニシャルコストの数倍にも及ぶ。実際に長野市の施設群も年間の維持管理だけでも約10億円（単純に60年で６００億円、これに外壁や設備の取り換え費用も加わる）かかっている。

このことからも、一時の大会開催に伴う恒久施設の建設の有無については、招致前から後利用時のニーズ調査などを徹底し、慎重な判断が必要といえる。

長野市は、これからが正念場と言える。私が２０２１年に長野市を訪れた際には、市の中心域にある善光寺の表参道の美しい景観デザインや、隣の城山公園の再整備と県立美術館の改築による新たなスポットなど魅力ある地域づくりが推し進められていた。

また、大会開催によってビッグハットやショッピングセンターといった大規模集客施設の整備された長野駅南口側の再開発も整い、市庁舎も建替えられていた。

そして市の周縁部を結ぶ環状線が、千曲川と犀川に架橋された五輪大橋とつながり域内交通改善されるなど、インフラの集中投資による効果が長期に渡って継続していることも感じられた。

コンパクトシティの発想により、人口減少や高齢化といった課題に備えて都市の中心域と周辺部を大会開催で整備した公共施設を核としてつなぐようにして、大切に守り続けている。是非とも、末永く「都市のレガシー」を継承して欲しいと思う。

4 まとめ——冬季大会の課題と今後

冬季大会の特徴について長野大会を事例に紹介してきたが、最後に冬季大会の課題や今後について述べたい。

○2018平昌大会の会場計画と施設の後利用の難しさ

ＯＰパーク方式によって競技施設を集約した２０１４ソチ大会、その会場計画にそっくりなのが２０１８平昌（ピョンチャン）大会である。ソウル特別市から１３０㎞離れた韓国北東部にある平昌郡は、3度目の立候補で悲願の大会開催を獲得した。

13か所の競技会場と開閉会式のスタジアムなどを整備しているが、２０１４ソチ大会と同様に雪上系競技を山岳部のアルペンクラスター、氷上系競技を海に近い平昌郡、旌善（チョンソン）郡と江陵（カンヌン）市の3市から成るコースタルクラスターに集約している。特にコースタルクラスターはＯＰパーク方式となっており、スタジアムとアリーナが集中整備されている。

集中整備された施設群の活用状況について私は、残念ながら取材はできていない。しかしながら、ＯＰパークのある江陵市は、広さ約１０００㎢で約８３０㎢の長野市よりも大きいものの、人口では約21万人で長野市の約37万人と比べて少ない。スキー場などの整備が多数された平昌郡の大関嶺（テグァルリョン）面の人口に至っては、僅か６０００人あまりであることを考えると、施設の後利用はかなり厳しいのではないかと推測できる。

そのためなのか、開閉会式の会場となったスタジアムは、最初から仮設となっている。

２０１０バンクーバー大会の開催費用が約２８００億円であることを考えると、２０１４ソチ大会が冬季大会史上最高の約５兆円、２０１８平昌大会も約１兆円で、この両大会の開催費用は群を抜いていることがわかる。

五輪大会は、この開催費用の莫大さから、市民の反対を受けて急激に立候補都市が減っている状況にある。

そのため今後は、五輪大会を過去の開催した既存施設を活用できる都市での開催が増えていくであろう。

夏季大会よりも規模が小さい冬季大会は、今後大規模アリーナが複数存在する過去に夏季大会の開催経験のある大都市と雪上スポーツのメッカであり、ワールドカップなどの開催経験のある都市の混成チームでの開催が理想であろう。

このように開催すれば、最大のネックである施設整備費の縮減に大きく寄与でき、その結果大会開催費用も抑えられ、大会の持続可能性につながる。

これに新型コロナウイルスの影響による密を回避するということも加われば、観客数も更に縮減される可能性もある。そうなると大会の会場となる施設要件で重視されていた観客数のハードルも下がり、より一般的な規模の既存会場を活用することもできるかもしれない。

私は、このような会場要件の弾力化が、大会の持続可能性の最大のポイントであると考えている。

○2022北京大会

2022大会の開催都市は、史上最高額の5兆円をかけた2014ソチ大会のインパクトもあり、立候補都市が次々と去っていく中で、アルトマイ（カザフスタン）と北京（中国）というアジアの2都市の争いとなった末に、北京に決定した。

史上初の夏季大会の開催都市が冬季大会の開催都市となる。北京2022大会の会場は、北京、延慶（エンケイ）、張家口（チョウカコウ）という3つのゾーンで計画されている。

開閉会式と氷上系の競技は、2008北京大会レガシーエリアとして夏季大会で使用された広大なOPパークを再活用する。これが会場計画の最大の特徴であり、既存施設利用を推奨しているIOCの『五輪・アジェンダ2020』の主旨に沿っており、評価されたのだと思う。

「鳥の巣」の愛称で呼ばれていた国家運動場は、開閉会式会場として、「ウォーターキューブ（水立方）」と呼ばれていた国家水泳会場をカーリング会場とし、愛称も「アイスキューブ」に生まれ変わるという。他にも国家体育館は、アイスホッケー会場、首都体育館はフィギュアやショートトラック会場となる。

しかし、400mトラックを必要とするスピードスケートリンクは、さすがに新規建設が必要で、中国では競技人口の少ないOPパーク内のホッケー競技場をつぶして、スピードスケートのアイスアリーナを建設している。4か所の氷上競技会場で、新しいタイプの二酸化炭素冷媒を使用するとある。これは世界で最も環境に優しい製氷技術で、二酸化炭素排出量はゼロに近いと大会ホームページには記載されている。

他にも、選手村や平昌大会から採用されたスノーボードのビッグエアの会場も新設されている。

私は2020年に、北京のOPパークや施設の利用状況などを取材に行く予定であったが、新型コロナウイルスの感染拡大を受けて断念した。雪の降る山岳部での開催が必要な雪上系競技は、北京の中心から北西75㎞に位置する温泉や国立公園、スキーリゾート、万里の長城の八達嶺などがある延慶ゾーンと、北京から北西約180㎞に位置し、中国でスキー愛好家に人気の張家口ゾーンで開催される。

延慶ゾーンではアルペンスキーやリージュ・スケルトンなどが実施され、アジアで3つめのスライディング施設が建設された。張家口ゾーンはジャンプやバイアスロンなどが実施される。また、北京から遠い張家口には、新たに都市間鉄道が整備されている。

写真215　ローマ帝国時代に築かれた円形闘技場アレーナ・ディ・ベローナ（1997年）

分散した3つのゾーンの輸送や選手村の分村などの課題はあるものの、夏季大会のOPパークと施設を再利用するというアイデアは素晴らしいと思う。

○2026ミラノ／コルティナ・ダンペッツォ大会

2026年に開催予定の第25回冬季五輪大会。2019年6月にスイスのローザンヌで開催された第134次IOC総会において、オーレ／ストックホルム（スウェーデン）との一騎打ちとなったものの、ミラノ／コルティナ・ダンペッツォ（イタリア）での開催が決定した。

コルティナ・ダンペッツォは1956年コルティナ・ダンペッツォ五輪大会の開催経験があり、70年ぶり2度目の五輪開催となる。ミラノは初で、同国での冬季オリンピック開催は2006年トリノオリンピック以来20年ぶり3度目となる。

両都市はおよそ250㎞離れており、複数の都市名併記による共同開催は史上初となる。

こちらも北京同様、複数のアリーナを必要とする氷上系の競技は大都市であるミラノ市の既存施設を中心に活用し、山岳部の雪上競技をコルティナ・ダンペッツォの複数のゾーンで実施する。

そしてスタジアムが必要となる開閉会式は、ミラノのサッカースタジアムであるメアッツァ スタジアムを開会式会場、ベネト州ベローナにある野外オペラの開催で著名なアレーナ・ディ・ベローナ（長径139m、短径110mの楕円形型闘技場）を閉会式会場とするなど、既存施設を徹底的に活用して財政支出を抑制する計画となっている。

新設はアイスホッケー会場のみで、招致委員会の発表では92%を既存・仮設施設でまかなう。施設整備費を大幅に縮減するという計画である。

この既存活用計画のおかげで、山岳部の会場整備の際に必ず発生する、環境保護団体との軋轢も今のところ生じていないようだ。

今後の冬季五輪大会の会場全体計画の新たなモデルになるかもしれない。

○既存施設100%の2030年札幌招致

2018年に発生した北海道地震と夏と冬で考えると平昌、東京、北京とアジアでの五輪開催が続いていることなどから、札幌市は2026冬季五輪大会の招致を途中で断念した。そのおかげで、IOCの五輪改革方針である『五輪・アジェンダ2020』の運用事例も増え、札幌市もこの方針に従って、ついに改築はあっても新設会場はなしとなった。

会場計画は、大倉山のジャンプ場のように1972札幌冬季大会の競技会場を改修してレガシーとして使用するものや、真駒内公園にある当時は屋根のなかった屋外スピードスケート場を建替えにより完全屋内化するもの、仮設とするものなど、大会後の後利用に十分配慮した目線で計画されている。

是非ともアジア初の冬季大会を開催した場所で、東京同様に58年振りの2回目の大会開催を勝ち取り、新型コロナにも打ち勝って2020東京大会のリベンジを果たして欲しいと思う。

第7章

2020東京大会と今後の大会、都市

東京を含め6つの都市のレガシーを巡ってきたが、最終章では、私が考える大会の今後、2020東京大会の都市のレガシー、そして、東京の未来都市像について述べたいと思う。

1 2020東京大会の開催と今後

2020東京大会が1年遅れで、なおかつ無観客という前代未聞の形で開催された。新型コロナウイルスは、2020東京大会を戦争以外の理由で初めて延期をもたらしただけでなく、無観客という中途半端な事態ももたらした。

確かに選手と大会関係者、メディアがいれば大会は開催できる。しかし観客の存在が、ときに選手を勇気付けたり、プレッシャーを与えたりと、同じ時間と空間を共有した中で生まれる一体感こそ、大会を初めとした祭典やコンサートなどのイベントの醍醐味でもある。

都市にとっては半世紀に1度、足掛け8年あまりも要して準備してきた大会の、開催直前の迷走ぶりは世界に向けて見苦しい茶番劇のようで、とても残念であった。

IOCは大会の立候補都市に対して、都市の住民に大会開催の賛成か反対かのアンケート結果を求めている。これは、開催都市の多額の費用負担をはじめ、大会が道路の交通規制や警備強化、運動施設の利用制限などの住民生活への負荷を伴うことから、事前にリスクを取り除く意味でも求めてられているのだと思う。

そもそも大会が「スポーツと平和の祭典」であることから、人の集うことが容易にできない非常事態宣言下での「祭典」の開催そのものにも疑問がある方も多かったであろう。

幸いにも大会は、日本人選手の大活躍のおかげで開催そのものへの批判は下火となったものの、大会終了直後からの新型コロナ感染爆発なども含め、実に中途半端で後味の良くない開催となったことだけは確かである。

大会開催の是非については、もう少し時間が経たない

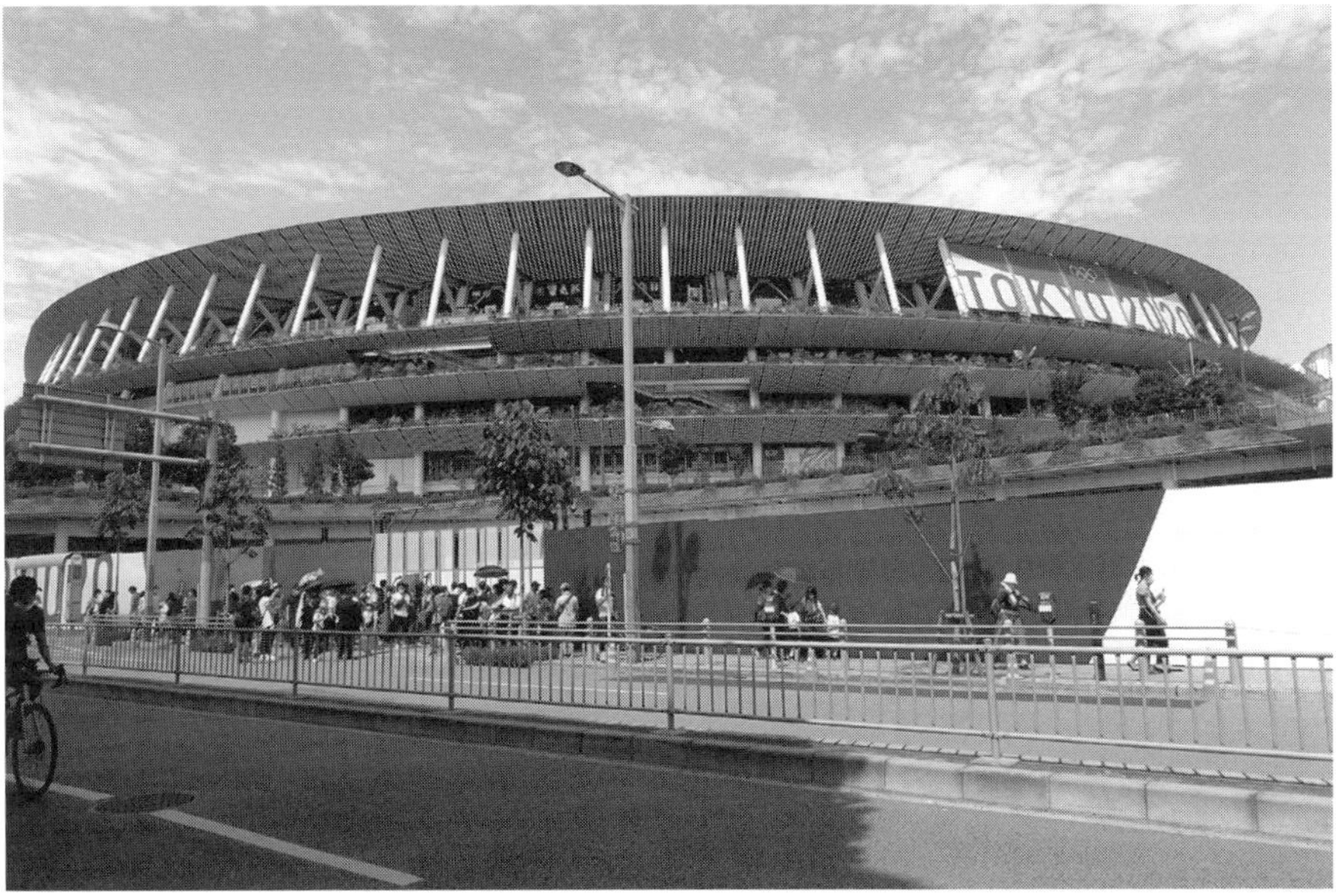

写真 216　大会開催中の新国立競技場

と評価は難しいと思うが、一人の国民、また都民として思ったことだけは後世のために率直に記しておきたいと思う。

写真 217　開会式当日ブルーインパルスの飛行を見学に原宿の歩道橋に集まった人たち

○五輪大会の今後

五輪大会の課題は、これまでも本書で何度かふれてきており、色々なメディアでも良く言われるように「過度の商業主義化と、それに伴う大会規模の拡大」である。

ブランド価値が確立されている大会だからこそ可能な集客力をバックに、観客席数の多さ、大会関係者やオリンピックファミリーと呼ばれるＶＩＰ、メディア向けのスペースやサービスの多さが、既存施設の活用を阻んでいる。その結果として新設の施設整備費やセキュリティ費などの開催費用の増加をも招いている。

そして、大会開催費用が膨れることで五輪の印象が悪くなり、住民投票などによる市民の反対で大会開催の立候補都市が消えていくという悪循環も生み出してしまっている。

この状況に危機感を強く抱いたＩＯＣは、２０１４年バッハ新会長のもと２０２０東京大会開催年次に合わせて、大会を改革すべく経費削減や男女平等を目指す40項目の提言『五輪・アジェンダ２０２０』を策定。

バッハ会長は、自分が会長に就任する直前に決まった２０２０東京大会の準備作業と並行して五輪改革を進め、２０２０東京大会の成功をもって、ＩＯＣ会長の2期目への立候補というシナリオともささやかれていた。

ＩＯＣも五輪改革に取り組む最中で、新型コロナの影響により東京大会は延期となってしまったものの、『五輪・アジェンダ２０２０』は２０２０年12月のＩＯＣ総会において、８割以上の目標を達成したと総括されている。

２０２４大会招致に手を上げて、最後まで残った都市がパリとロサンゼルスのみであったことなどから、両都市をそれぞれ２０２４年はパリ、２０２８年はロサンゼルスと、最近ではその次の２０３２年の開催を一本釣りでブリスベンに決めてしまった。

このことは招致活動経費の削減につながるものの、立候補都市がいなかった場合などのリスクを回避する動きとも読めなくないことからすると、五輪改革は道半ばであることを示しているとも言えよう。

○大会の縮小開催の効用

２０２０東京大会は、『五輪・アジェンダ２０２０』の後押しを受ける形で、大会招致時の計画から大胆な競技会場変更を実施している。その結果、招致段階に比べて会場全体計画のコンパクトさは多少失われたものの、さいたまスーパーアリーナや幕張メッセ、伊豆のベロドロームといった既存施設活用の道が開けた。

そのおかげで、第6章の1998長野大会の事例でみたように新設施設をつくることで新たに長期に渡って発生する、施設の維持管理費用などのライフサイクルコスト（生涯費用）の削減に大きく寄与した形となった。

しかし、その一方で会場が広域に分散したことで発生した課題もある。競技会場が広域に分散すると選手村の分村の設置や大会関係者輸送、警備などの大会運営が難しくなり、運営コストも上がってしまうのである。

また、開催都市以外での競技数が増えるので、各自治体間における施設の改修費用負担など、役割分担の調整も格段に増える。

日本では、すでに国民スポーツ大会が全国を2巡目に入っている。国民スポーツ大会は、開催する自治体のスポーツ振興とスポーツ施設の整備を促してきた。

五輪大会の要求する観客席数などの規模がもっと小さければ、国民スポーツ大会で整備された既存のスポーツ施設をもっと使用することが可能となる。

また、若者に人気のあるｅスポーツは、会場そのものをバーチャルにできれば、大幅なコスト削減も可能となるかもしれない。

五輪大会の開催都市も先進国では2巡、3巡目となり、地球規模での気象変動によって大会の開催できるエリアが中緯度エリアに限られつつある中で、リモートの活用は、新たな扉を開けてくれる可能性もある。

果たして、19世紀から20世紀にかけての万国博覧会から始まる、巨大空間で密になり、時間と体験を共有できるスペクタクルは、新型コロナウイルスのような感染症の脅威により、過去のものとなっていくのであろうか。

一方で多くの観客が入った会場は華やかで、選手のモチベーションも上がり、その結果良い記録が生まれる可能性があることも確かである。

かつてアリストテレスは、「人間は社会的動物である」と言った。この社会とは複数名の人間によってつくられる集団であり、その人たちによってつくりだされる規範をいう。

つまり、人間は人とのつながりを持つ「社会」を形成して生活していく動物といった意味である。そう考えると、全てリモートでは味気なく、世界中の人々が同じ瞬間をその場で共有体験できる機会は、社会的動物である人間にとって貴重な場であるのかもしれない。

いずれにせよ、新型コロナショックは、1960ローマ大会にルーツを持つ大規模な都市開発型五輪大会の「終わりの始まり」となり、新たな価値を模索するきっかけとなるであろう。

○地球規模の課題に向き合う世界祭として

これまでも大会は、世界の大きな動きに翻弄される一方で、地球環境問題や難民問題などへの国際機関との連携なども図りながら難局を乗り越えてきた。世界の潮流を捉えて、地球規模への問題に正面から向きあって行くことが、五輪の重要な使命であると思う。

地域には、地域固有の民族やコミュニティ、文化があり、そこで開催される伝統的な祭りは、長期に渡って社会的動物である人間の心をつなぐ機能を担ってきた。

大会は、この機能を地球という惑星の中で開催都市持ち回りによって果たしていくべきである。

大会のエンターテイメント化により華美で、政治色があって問題になっている開閉会式も、開催都市のもつ歴史や文化について正しく知り、多様性を理解し合うためならば十分意義がある。また、世界中の人たちが大会を通じてスポーツと文化を軸に相互理解を促進させることで、地球規模の環境や難民といった問題へと協働で向かっていくことができ、その結果として平和が保たれるということが理想である。

もちろん国際連合のような国際機関の役割も重要であるものの、私は人間の魂への訴求力でいうと、踊りや歌、絵画、スポーツといった人間が創り出す感動に勝るものはないと思っている。

人間が創り出す「技術とその未来への賛歌」が万国博覧会であるならば、同じく人間の肉体が創り出す「人間そのものへの賛歌」が五輪大会である。

商業主義への偏りをもう少し薄めて、派手さや豪華さで訴えるのではなく、質素でも人間の魂を揺さぶる持続可能な「世界祭り」へと進化を遂げて欲しいものである。

2

2020東京大会の都市のレガシー

これまでみてきた大会の会場計画や過去大会の「都市のレガシー」を通じて、大会と都市のつながりの深さについて十分理解いただいたと思う。

大会開催を成功させている都市は、必ず大会ありきでなく、目指すべき都市像があって、それを実現する手段に大会を利用している。

これまで大会開催によって建設された競技会場に永く残される「都市のレガシー」は、結果的に生まれたものを、後からレガシーとしているものが多かった。しかし、2004アテネ大会や2008北京大会で整備された競技施設が、大会後使用されずに荒廃している姿が世にさらけ出されて以降、IOCはレガシーを更に強く意識する。

そして、2012ロンドン大会以降は、大会後の利用から逆算して競技施設の整備を行うリバース・エンジニアリング手法で大会の会場計画を策定することを強く推奨するようになる。その結果、第1章でふれたように、2012ロンドン大会は後利用しないものは仮設にするという、仮設を上手に活用した大会ともなった。このように「レガシー」は、大会後を考えて大会前に仕込み、計画的に生み出されていくことが理想である。

果たして、2020東京大会ではどのような「都市のレガシー」が生まれたのであろうか？

そして、私たちは2020東京大会を通じて誕生した「都市のレガシー」を今後どのように活かし、育てていくべきであろうか。

本書の冒頭で記したが、本書における「都市のレガシー」とは、都市にモニュメントのように残る、大会を契機に新設された建物や公園といった有形なものを対象としている。

大会開催は道路や都市交通といった都市改造から、会場となるスタジアムやアリーナ、選手村として使用される共同住宅などの新たな巨大施設群を生み出していく。

人は個性というか、自らの強みを伸ばし、弱点を補うことで成長する。建築とその集合体である都市も同じである。なぜなら、建築や都市もそこに暮らす人々が築いてきた文化（カルチャー）や伝統といった歴史（ヒストリー）の上に構築されるからである。

それゆえ、自分たちの暮らす都市の強みと弱みを客観的に捉えることは、とても重要である。その意味で大会の開催は、自分たちの暮らす都市や街の歴史を改めて知り、海外からどのように見られているかを知るための機会になる。

そして、2020東京大会の開催決定からその準備過程を通して、都市の機能更新が活発に行なわれている。100年に一度と言われる渋谷駅周辺の開発、山手線の50年振りの新駅となった高輪ゲートウェイ駅開業と周辺開発、浜松町駅周辺や大丸有（いわゆる東京駅周辺の大手町、丸の内、有楽町エリア）など、大会開催決定以前からのプロジェクトもあるものの、2020東京大会の開催決定は、1964東京大会で築いた都市の機能更新を一層加速させたといえよう。1964東京大会は官主導での開発が中心であったが、このような民間主導での都市の再開発も長いスパンでの評価となるが、2020東京大会の「都市のレガシー」であろう。

一方で急激な機能更新は、1964東京大会のレガシーの消滅も招いている。新国立競技場をはじめ、1964大会の馬術会場であった馬事公苑、フェンシング会場であった早稲田大学記念講堂、東洋の魔女と呼ばれ、旧ソ連を破って金メダルを獲得した女子バレーの会場であった都立駒沢公園体育館も建替えられている。

60年以上経過しているローマ大会は、メインスタジアム、プール、大アリーナ、小アリーナも改修しながら今も使い続けている。一方で東京は、代々木体育館と日本武道館、駒沢公園の一部施設しか残っていない。東京は、欧米に比べて建物の新陳代謝が激し過ぎで、あまりに経済を優先し過ぎている。

しかし、今後は都市のヒストリーを伝える遺伝子ともいうべき建築をもっと保存、利活用することでレガシーを伝えていく必要がある。

このような視点を持ちながら、私の考える2020東京大会における主な「都市のレガシー」を見ていきたいと思う。

①2020東京大会で新設された施設

これまで見てきたように、どの都市でも最もわかりやすい有形のレガシーの代表である。施設そのものが大会開催を感じさせてくれる場所となり、大会時に世界記録が生まれるなどのエピソードがあれば、なおさらである。

中でも、大会開催にあたって新設整備された以下の施設群は、その代表格といえよう。

・新国立競技場
・東京アクアティクスセンター
・有明アリーナ
・葛西カヌースラロームセンター
・海の森水上競技場
・大井ホッケー場
・夢の島アーチェリー場
・有明体操競技場（時限仮設）

各競技の世界大会が行える施設として日本における聖地となることが期待される。また、新設ではないが、大規模な改修が行われた東京体育館やテニスの森公園のように大会に合わせて部分的に改修された施設も、大会のヒストリーが刻まれた場所としてレガシーとなっていくであろう。

また、組織委員会が期間限定の仮設会場として整備した有明体操競技場があるが、こちらは、東京国際展示場の期間限定の展示場として後利用される。

恒設、期間限定を問わずにとにかく、多くの人の手によって造られた施設を永く大切に使い続けることが何よりも重要である。

②会場整備に伴い再整備された都市公園や海上公園

先の新設の施設を整備するための土地は、過密で広大な空地の少ない東京にとって悩みどころであった。そのため、どの施設も都市公園か海上公園の一画（もしくは、隣接地）を活用して計画されている。

その結果、臨海エリアに散在するこれらの公園のスポーツ軸が強化されたことになる。

1998長野大会では、大会の競技施設を結ぶようなコースでの大会記念マラソンが毎年開催されている。

臨海部では既に「東京ベイウォーク」のように、ウォーキングイベントも開催されている。このような大会の競技会場を結ぶようなイベントを積極的に開催し、都市における緑とスポーツのネットワークを構成できるようにするとレガシーとしての相乗効果が高まるのではないだろうか。

また、2020東京大会は、都心に近い臨海エリアにボートとカヌーの新設施設（葛西カヌースラロームセンターと海の森水上競技場）を整備することができた。そのため、過去大会ではメインエリアから遠く離れた郊外で行われていたボートやカヌーといった水上競技を、他の競技と同じ臨海エリアで実施できたという特徴がある。

水泳を含め、水にかかわるスポーツ・アクティビティが楽しめる都市として、例えば、東京港の開港記念祭りに合わせて、これらの水上競技を水上スポーツ祭として合同開催するなど、水の都である東京を水上交通ネットワークに加えて、スポーツの視点も加えてセールスしていくこともできる。

いずれにせよ、一か所を集中的に開発するだけのOPパークでなく、複数の場所を同時並行的に開発することで、より大きなエリア全体に影響を与えていくことができる。1992バルセロナ大会のような、会場分散型大会のメリットを上手く活かしていくことが鍵となろう。

③臨海エリア

2020東京大会は、開港が早いため歴史的資産の多い横浜港と比べてヒストリーの少なかった臨海エリアに新たな歴史の1ページを記してくれた。

競技会場単体だけでなく、クラスター単位でみていくと何といっても先の新設会場6つがすべて臨海エリアにある。新設会場となった施設とその中心にある選手村は、大井、お台場、豊洲、晴海、辰巳・夢の島、葛西といった場所（公園や建物）を大会開催というヒストリーでつなげてくれた。

特に1万人収容規模の多目的ホールである有明アリーナは、1964東京大会の代々木体育館や日本武道館のようにスポーツやエンターテイメントの聖地となり得るポテンシャルも持っている。

また、東京都もこのエリアを有明レガシーエリアとして大会のレガシーを感じさせてくれるエリアとして位置づけている。

OPパークの無い大会にとって、仮設、本設を含めた競技会場や選手村、MMCまでもが集積した場所である臨海副都心地区は、臨海エリアの中でも大会開催を最も象徴する場所となるであろう。

④1964大会で整備された施設を文化財に

言うまでもなく1964東京大会に合わせて新設された国立代々木体育館と日本武道館の二つの名建築は、2020東京大会でも利用された。これは建築の残存年数が世界でも短いと言われる日本にとって非常に価値のあるレガシーと言える。

50年以上経過すると文化財登録もできるとかで、すでにそこはクリアーできている。

代々木体育館は、本稿を執筆中に登録されるとのニュースが飛び込んできた。同時期に整備された日本武道館についても近代建築として早く文化財登録し、この場所で開催された2回の大会はもとより、伝説のコンサートなどのヒストリーを伝えるためにも末永く現役でいて欲しいと願う次第である。

⑤都市のアイデンティティーを育むこと

大会開催は、自分の国や都市のコンテクスト（地形）、ヒストリー（歴史）＝二つを組み合わせて都市のアイデンティティーを再認識させてくれた。

一般的に大会開催が近づくにつれて世界からメディアや来訪者が増えて、世界の注目度も次第に増していく。また、練習会場や各国選手団の合宿のホストタウンなど、自分たちの暮らす地域の資産を売り込む絶好の機会であった。

この機会を通じて、自らの地域や都市の強み、弱みといった都市のアイデンティティーを再認識して、様々な都市戦略が造られるわけである。この都市戦略も重要な「都市のレガシー」であったと言える。

残念ながら、新型コロナウイルスの影響で無観客開催となり、街を知ってもらったり、おもてなし等の活動がほとんどできなかったかもしれない。しかし、大会開催直前までの努力やホストタウンの人のつながりが全て無に帰すわけではない。これまでの取組を否定することなく、取組の火を消さないで継続していくことが重要であると思う。

3 大会と都市の未来像

最後は、過去に大会を開催した都市からの学びなどをフィードバックさせながら、今後の都市のあるべき姿について述べたいと思う。

○大会と都市について

都市の時代を迎えていると言われて久しい。地球上の全人口の約半分が、都市で生活している。国連の調査（2010年）によると、2030年までに世界人口の約60%が、都市環境で暮らすようになると予測している。

実際、過去60年間の都市人口の流入の割合は、ブラジルで51%、インドネシアで42%、中国で32%と、経済成長の高い国では顕著にその傾向が見られている。

都市は、メソポタミア、エジプト、インダスといった都市文明の誕生がルーツとなっている。水を求める牧畜民族が大河の流域へ移動し、ここで農耕民族と接触し文字が発明され、都市文明が生まれたと考えられている。

そして農業の拡散が進み富の蓄積が始まると、農耕を行わない人々が平野に定住するようになり、王から平民に至る階層が分化し、財の交換が行われるようになる。このような経済活動によって都市が成長をはじめると、人口の増加も起こり、住居や燃料を確保するために、森林を伐採するなどの自然破壊が始まっていく。

都市の誕生とは、人類が「自然循環」から外れて「自然搾取」の文明に切り替わった転換点とも言えよう。

そんな古代都市が、統廃合されながら国家としての規模を拡大していく過程は、古代の地中海沿岸、ギリシャ周辺の都市国家（ポリス）の乱立から、アテネの繁栄、そして戦争などを経て、最後はローマ帝国につながる。

ローマ帝国は、北はロンドン、南はエジプト・北アフリカ、東は小アジア・シリア・メソポタミア、西はスペインのイベリア半島に至るまでの広大な領域を長期に渡って支配した。この地中海沿岸エリアで生まれた古代ギリシャ・ローマ文化が建築や芸術といった現在の西欧都市の規範となっている由縁である。

そして、この時代に誕生した古代五輪の精神は、現在の地形、民族的な文化の違い、政治や統治形態の違いなどを乗り越えて、多様性を帯びている国家や都市を結び付ける力を持っていた。

近代に入り、主権国家が成立し産業革命による産業の発展に伴い、欧州を中心に万国博覧会が開催されるようになる。国と国との国際的なつながりが共有されはじめ、1892年のパリのソルボンヌ講堂においてクーベルタン男爵が提唱する近代五輪も誕生する。

そして近代五輪は、2度に渡る世界大戦やその後の冷戦といった世界情勢に影響を受けながらも、スポーツだけではなく「平和の祭典」として発展していく。

古代五輪が都市国家の争いを中止にし、一度も延期されることなく1000年以上の長きにわたって開催されてきたことを思うと、オリュンポスの神々への祈り＝平和の祭典の意義の方が大きいのかもしれない。

なぜなら、逆説的に考えれば平和だからこそスポーツや芸術といった文化、教育活動が成立するからである。

クーベルタン男爵は、オリンピズムにこの平和、文化、教育を融合させ、生き方の創造を実践する場として近代五輪を創設したのである。

産業革命以後、人と社会とその器である建築や都市は、経済原理に基づく競争の理念によって構築されてきた。それが、東西冷戦を機に地球のグローバリゼーションに伴う、地球規模での問題意識の醸成が急速に進み、1992年の地球サミットを境に、様々な歪みをかかえた地球に対して持続可能な発展の模索が始まる。今も気候変動への取組なども続いていくが、道半ばと言えよう。

120年以上に及ぶ歴史をもつ近代五輪の動きも、このような複雑な社会経済の大きな動きや戦争などに影響を受けながら、現在に至っている。

これまで本書でみてきたように、大会は古代においても、近代においても人の集まる都市の進化や変化と密接につながりながら形を整えてきた。五輪は、いわば都市そのものを会場としたスポーツや文化という人間の余暇活動を基軸とした世界祭りである以上、都市との関係を切っても切れないわけである。

そして、その開催を持ち回る都市の役割は、地球という惑星で生活する人間にとってより重要な存在となっていくであろう。

○これからの都市と東京の未来像

都市は人が集まって、人間活動の効率化（近代は、経済の効率化を中心）を図るために存在している。そのため、当然のことではあるものの、どの都市も大会開催を利用し、大会を通過点としながら、その後の社会経済状況の変化に合わせて発展すると同時に、新たに生じた課題とも向き合っていることを見てきた。

また本書では、五輪大会を開催した都市をみてきたが、どの都市も産業革命後の都市の爆発的な発展に伴う、道路と街区、用途規制による近代都市計画の呪縛から抜け出せずに、21世紀型の新しい都市像を模索している。

東京都は２０００年に「環状メガロポリス都市構造」という、首都圏全体を包含した未来の都市ビジョンを初めて示した。そして２０１８年には、この「環状メガロポリス都市構造」の概成をイメージした２０４０年代を目標とした『都市づくりのグランドデザイン』を策定した。

都市づくりの目標として「活力とゆとりのある高度成熟都市」を掲げ、ＥＳＧ（環境 Environment、社会 Social、ガバナンス Governance）の概念も取り込み、最先端技術も活用しながらゼロエミッション東京を目指し、地球環境と調和を図り持続的に発展していく。みどりを守り、まちを守り、人を守る。あわせて東京ならではの価値を高める。そのような都市・東京を実現していく。

向かうべき方向はとても理にかなっていると思う。私はこの流れの中でも都市の誕生によって人類が「自然循環」から外れて「自然搾取」の文明に切り替わってしまった振り子を、逆に戻すことが最も大切であると考えている。

建築家バックミンスター・フラーが１９６０年代に記した『宇宙船地球号の操縦マニュアル』の概念のように「我々人類は宇宙船地球号の乗組員」であり、他の生物と同様にもっと謙虚に地球と向き合う必要がある。

最近では、主権国家の管轄を超えて人類全体が生存していくために必要とする大気や大地、太陽、海洋、水、気候、氷層界といった、世界が共有している生態系そのものをさすグローバルコモンズ（国際共有資産）の保全といった考え方もある。

生物は、生存と種の繁栄のために光・水・重力といった複数の与えられた環境条件のなかで、ひとつの目的に従って完全な解を求めるのではなく、多目的の最適化を図りながら進化、生息してきた。言い換えると地球に合わせてバランスをとることで、多種多様な形態や生存戦略を生み出していると言えよう。

しかし、科学技術を手にした人類は、経済発展を優先するあまり、このバランスを軽視し過ぎてきた結果、有限である地球の限界を超えてしまっている。

「環状メガロポリス都市構造」という大都市圏の連携を軸に、都市と自然の二項対立ではなく融合を目指す自然循環型の都市とは、果たしてどのような形が求められていくのであろうか？

私は進展の著しいデジタル技術の活用で、他の生物同様に地球環境に寄り添うような、「自然循環」を重視した建築・都市の形をデザインすることができるのではないかと思っている。

○デジタル技術と生物技術の融合

都市は人が集まることで成立し、人々の行動はとても複雑である。例えば、この複雑な都市をＩＣＴ技術である センサーにより捉え、解析することで全体最適化を図ることが可能となる。これこそが、交通・観光・防災・健康・医療・エネルギー・環境など様々な分野で進んでいるスマートシティ化である。

また、センサーで得られた情報などを高度なコンピューテーショナル・デザインにより、実際の製品などにするためのＣＡＤ（computer-aided design：コンピュータ支援設計）、ＢＩＭ（Building Information Modeling：コンピュータ上に作成した３次元の建物のデジタルモデルに、コストや仕上げ、管理情報などの属性データを追加した建築物のデータベースを、建築の設計、施工から維持管理までのあらゆる工程で情報活用を行うためのソリューション）、３Ｄモデリングソフトといったツールも充実してきている。

そして、デザインされた複雑な形態の施工を可能とするデジタル・ファブリケーション技術の進展も著しい。３Ｄモデリングソフトでデザインしたものを、３Ｄプリンターで実物として作り出すことが容易に可能となってきた。例えばドバイやアメリカなどでは、巨大な３Ｄプリンターで断熱性能に優れた住宅を作り出す実験なども行われている。

さらには、デジタルツイン（双子）といわれる、現実の場所や物、事などをデジタルデータに変換して、仮想空間の中に実際の都市を作り出すことも可能となっている。

生物が進化の過程で獲得してきた多様性と、デジタル技術のような人間の叡智を組み合わせることにより、新しい建築や都市デザインを行ない「スマートで持続可能な都市」を作り上げることができるのではないであろうか。

しかしながら、デジタル技術（ハイテク）に依存し過ぎるのではなく、アナログ（ローテク）とのバランス（融合）を意識することも重要である。

コンピュータが社会に普及し始めたころ、テクノストレス（オフィスオートメーション化の進展が人間に与える精神的ひずみ。機器に対して拒絶反応を起こすテクノ不安症と、逆に同化しすぎて正常な対人関係が保てなくなるテクノ依存症の二つのタイプがある。米国の心理学者クレイグ＝ブロードの造語。「デジタル大辞泉より引用」）という言葉も生まれた。

都市や生活においてデジタル技術への依存度が高まり、都市での生活はデジタル技術なしでは成立しにくくなっている。その反動のためなのか、生物である人間は本能からくる体と心の癒しを求めているようにも思える。

人間は、ビルが立ち並ぶ人工的な環境よりも、緑あふれる自然環境を好む性質にあるということが、さまざまな研究で明らかにされている。例えば、2004年に行われたある研究では、「理想の都市とはどのような都市のことを指すか」という問いに対し、回答者の多くが「緑のある都市」と答えたという。

また、生物としての人間が長い年月培ってきた本能のようなもので、バイオフィリア（biophilia）という概念がある。1984年にエドワード・O・ウィルソンが提唱し、生命への愛好が、後天的に学ばれる以前に、人間や動物は遺伝子のなかにそのような選好性をもつ性質や行動特性（＝形質）が先天的にあり、それが発現しているのではないかと考える仮説である。

バイオ＝生命・生き物・自然、という用語にフィリア（愛好、趣味）という用語をつけた造語で、「人は自然とのつながりを求める本能的欲求がある」といった概念である。

自然が人間にもたらす効果は大きく、幸福度の向上、生産性の向上、創造性の向上の3つあると言われている。要するに人は自然と触れ合うことで、健康や幸せを得られるということである。それは地形という地球、地域が持つ形と、そこに生息する人間を含む生物の生態を重視した、より地球環境や生物の本能、生態系に寄り添うことが重要という証でもある。

このバイオフィリアに対する関心は、近年急速に高まってきている。それは世界中で見られる著しい都市化とあらゆる分野のIT化により、人々の生活がますます自然と遠くはなれたものになっていることなどが背景にあるのではないだろうか。

私は酒を呑むことが好きなためか、ハイテクなビルに一日中閉じ込められていると、古びて少し汚いのになぜか懐かしい横丁の居酒屋空間を求めてしまう。

このような行動も人間のもつ本能からくる行動の一つではないだろうかと考えている。

生物としての人間の本能からくる行動原理のなかには、人間に癒しを与えてくれるようなデザインの法則というか優良解のヒントがあるかも知れない。

そして、AIをはじめとしたデジタル技術は、かつてない方法で建築や都市と環境工学、生物学などをつなげ、このような優良解を導き出してくれる可能性もある。

くり返しになるが機械ではなく、生物である人間の生態をしっかりと理解しながら進めていかないと、思わぬ落とし穴もあるかもしれない。

そのため、両者のバランスを常に意識しながらアプローチすることが重要である。

○ケース・スタディ①
ハイテクとローテクの融合都市の提案

私は27年前に、このようなデジタルなどの最新技術をベースに創られたハイテク空間（high-tech）と、その対極にある横丁や神社といったやや自然発生的に創り出されてきたものをローテク（low-tech）空間と定義付け、この二つの融合を目指す都市開発プロジェクト『AKIBA計画2019』を提案したことがある。

このプロジェクトは、秋葉原駅前にあった東京都の旧神田青果市場跡地（１９９０年に神田市場が大田市場に移転）を中心に、ハイテク空間とローテク空間の融合した２０１９年の都市未来像の提案である。

私は１９８０年代に公開された映画『ブレードランナー』に強く影響され、当時神田市場が移転して空き地となっていた場所に、ＩＣ回路をモチーフにした駅前交通広場と、大きな液晶画面などの装備されたメディアファサードで構成されたハイテクなデザインによる超高層ビルを整備。その足元には、かつての青果市場や電気街のもつ人間臭い疑似的に造られた横丁空間のある低層棟を

写真 218　秋葉原駅前の旧神田青果市場跡地（1993 年）

写真 219　秋葉原の電気街の夜景（1993 年）

写真 220　AKIBA 計画 2019 全体模型（1995 年）

写真 221　AKIBA 計画 2019 ハイテクビルの高層棟

写真 222　AKIBA 計画 2019 ローテクの空間の低層棟から高層棟方面

写真 223　昭和 30 年代の街並みを再現した新横浜ラーメン博物館（1994 年）

配置している。

低層棟は、生物の細胞をイメージした柔らかいデザインのローテク空間として意図的にハイテクな高層棟と一緒に共存させた計画となっている。

この二つの空間をつなぐ結節点となる小広場には、秋葉原の火除けの神様である秋葉神社の社殿を配した。

当時は、マイクロソフト社のＷｉｎｄｏｗｓが日本に上陸して、仕事にパソコンが導入されはじめ、設計業務にもＣＡＤが導入されたばかりの頃であった。その一方で、ハイテクなオフィスビルで働く人たちのテクノストレスや、超高層マンションの高層階に暮らす子供たちの心理的影響などが社会問題として懸念されていた。当時私は、このような問題に対する一つの答えとして都市が抱える矛盾をハイテク空間とローテク空間の融合したデザインによって解決できるのではないかとの思いで提案したものである。

当時、私の提案したような歴史を積み重ねていない疑似的に造られた横丁空間は、大阪梅田スカイビルの地下飲食店街や新横浜のラーメン博物館などに誕生しつつあった。このようなシミュレートされた空間でも、不思議と人間は癒しや、その世界観を感じとることができる。それは東京ディズニーランドやユニバーサルスタジオジャパンといったテーマパークにおいても証明されている。

最近では、埼玉にある西武園ゆうえんちに昭和30年代の商店街をシミュレートしたエリアが整備されて話題となっている。

進展を続けるデジタル技術は、このような疑似的な空間をＡＩやアルゴリズムの分析によって、環境性能や人間の癒しに配慮された新たなデザイン手法の構築を期待できるかもしれない。

プロジェクトの提案から四半世紀以上たち、秋葉原の旧神田青果市場跡地には２００３年にハイテクなデザインの再開発ビル群が建設され、巨大な液晶大画面のメディアファサードを持つビルも周辺に増えている。秋葉原の街の様相も、つくばエクスプレスの開業や大型電気量販店の出店などもあり、電気街からフィギュアやアイドルといった複合的なサブカルチャーの街へと大きく変化し

写真 224　再開発で超高層オフィスなどが建設された秋葉原駅前の旧神田市場跡地（2021 年）

写真 225　現在の秋葉原の街並み（2021 年）

ている。このような中において、私は改めてハイテク空間とローテク空間の二項対立でなく、融合こそがこれからの都市に重要な要素であると強く思う次第である。

○ケース・スタディ②
生態学とデジタルをつなげるバルセロナ

再び世界に目線を戻すと、今回紹介してきた世界の5都市の中で、私の考えるハイテクとローテクを融合させた都市づくりの実施段階に入っている都市がバルセロナである。

バルセロナは、生態学とデジタルを武器に今でも発展を続けており、欧州ではパリと並ぶ人気観光都市にまで成長を遂げている。バルセロナは、2014年に「欧州イノベーション首都」（European Capital of Innovation）に選ばれた。これは「革新的なソリューションを通して市民生活を改善した自治体」を評価するEUの制度で、そのタイトルを獲得したヨーロッパ最初の都市である。

バルセロナは、第4章で紹介したように世界の中での自らの都市としてのアイデンティティーを十分に意識して五輪大会を開催した。そして、大会開催後も歴代の市長が国際社会の文脈を適切に捉え、市政にビジョンをしっかりと位置づけ、市民とも共有して都市づくりを継続している。

情報革命が進む現在は、国家以上に都市の方が、グローバルガバナンスの中における居場所を確保していく必要がある。

バルセロナでは「生態（エコロジー）」という概念をあらゆる課題やテーマのトップに置き、都市に住む人々の生態という観点から都市づくりへのアプローチをしている。

具体的には、生態学的に都市の運営手法をまとめ上げ、市民を中心に据えた発想から、その生態について考えている。都市は、生物としての人間が営む場所であるのだから、検討の軸をそこに置いているわけである。

そして、「都市生態学者」という言葉を生み出した生物学者サルバドール・ルエダ氏の発想と知見を都市計画や都市政策に落とし込むために、2005年にバルセロナ都市生態学庁（BCNecologia）を創設している。

この組織の位置づけは、バルセロナ市役所／バルセロナ県庁／バルセロナメトロポリタンエリアの管轄する、独立NGOパブリックコンソーシアムである。行政組織でありながら、完全な独立組織としてバルセロナ以外にもスペイン・ヨーロッパ・南米など世界中でプロジェクトを手がけている。

バルセロナ都市生態学庁は、都市をその場所に暮らす人々を主な構成要素とする「生態系」（エコシステム）として捉える「エコシステミック・アーバニズム」（Ecosystemic Urbanism）という独自の理論を構築し、「エネルギー消費を減らしながら、同時に多様な人々の活動（アクティビティ）も活発になされている」状況こそが「都市の持続可能性」を実現する鍵であると捉えている。

そして、この理論に基づき、「コンパクトさと機能性」「複雑性」「効率性」「社会的包摂性」という4つの評価軸と、合計45のインジケーターから都市環境の状況を計測し、科学的なエビデンスに基づいて、都市の持続可能性をマネジメントする方法がとられている。

このようにバルセロナは科学的根拠に基づき都市の状況を明らかにすることで、「持続可能な社会発展（サステナビリティ）」という大きな理念を、現実化させているのである。

4 まとめ――東京を引き継ぐ

○東京の地形的特徴（コンテクスト）

東京は、日本の人口約1億2700万人の約1割以上が暮らし、さらに東京圏の3800万人となると人口の4分の1という世界一の巨大な都市圏となっている。

東西に細長い形をしている東京は、西に奥多摩に始まる山脈から武蔵野台地、東に低地の平野のひろがる西高東低の地形的特徴を持っている。また、奥多摩から流れ出る多摩川と、その多摩川を削り取ってできた国分寺崖線、多摩川に流れ込む無数の支流、玉川上水のような人

図 25　東京のブルーとグリーンの融合する臨海エリア

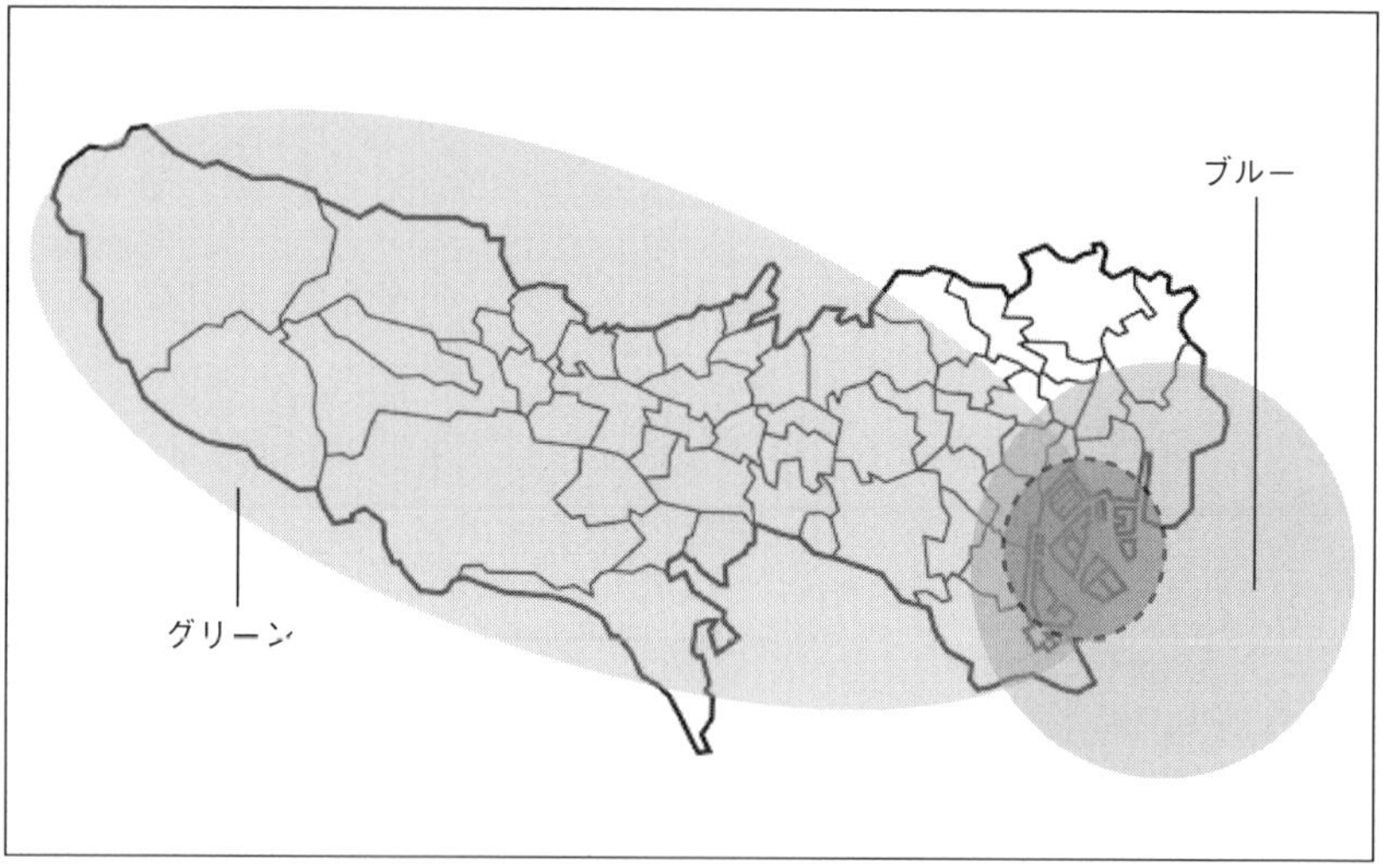

為的な水利の水路ネットワークもある。

一方、東京の東部は、関東平野を流れる荒川や隅田川、利根川を中心に、水運時代の水路網が張り巡らされており、東京はまさに水の都であったと言えよう。

これに加えて、昭和の終わりから平成初期に誕生した臨海副都心を中心にした東京湾、東京港で構成される東京ベイエリアがある。

西部の奥多摩方面からくるグリーンと東部の低地帯の河川、東京湾の湾岸の海域からくるブルーが交わる場所が、２０２０東京大会の競技会場の最も集積する東京ベイエリアとなっている。

フランスの地理学者で、日本への滞在経験の長いオギュスタン・ベルク氏はその著作『都市のコスモロジー』において、海外の都市は、自然領域と都市を城壁などで完全に分断するが、日本は都市と自然の区別が緩やかであり、その都市性のルーツは、宮の杜に囲まれている伊勢神宮に象徴されていると記している。

東京は、自然が作り出した地形的特徴を都市構造の基盤としており、この自然と穏やかにつながっていることを改めて認識することが、先にもふれた「自然循環」を

スケッチ 13　吾妻橋から眺めた屋形船の並ぶ隅田川（1997 年）

スケッチ 14　神田川の御茶ノ水から秋葉原方向の眺め（2008 年）

重視する都市を創造する上で最も重要である。

開発の進んでいる都心部の複雑な都市構造は、混沌としてわかりにくい。しかし、江戸時代の古地図をながめると、こちらも地形をグランドデザインに武家屋敷や道、宗教空間が配されるなどの、町割りが行われているのである。

建築史家である陣内秀信氏が、『江戸東京のみかた調べ方』に記しているように、東京は江戸から続く個性と歴史ある地域が双六のように集まった都市構造を持っている。

東京23区内の山の手台地の谷をぬうように走るJR山手線は、新宿、渋谷、池袋、東京、秋葉原、神田、有楽町などを環状線で有機的に結び付けている。

一方、地下鉄の大江戸線は、門前仲町や両国、蔵前などの江戸時代の下町であった情緒を残す町をつなぐ環状線となっている。このように二つの環状線の公共鉄道ネットワークが、江戸時代からの地形的特徴や歴史を持つ、個性豊かな地域を物理的に結び付けている。

また、江戸は緑と水路に包まれ、美しい景観を持ち、リサイクルにも優れた清潔なガーデンシティでもあった。

当時も100万人都市を達成していた江戸は過密であるのに、欧米に比べて感染症の流行も各段に少ない。それは、糞尿を堆肥として江戸野菜の栽培にリサイクルする仕組みを構築するなど、公共空間である道路を清潔に使ったからであるとも言われている。

○歴史的建築は、江戸・東京をつなぐ都市の遺伝子

グローバル時代の厳しい都市間競争に打ち勝つためには、都市が持つコンテクストや重ねてきたヒストリーを武器に都市のアイデンティティーを高めていく必要がある。

東京の発展に寄与してきた歴史ある建築物や産業遺産は、都市の歴史やノスタルジーを感じさせてくれる。このような歴史的建造物は、いわば都市の歴史を次世代に伝えてくれる「都市の遺伝子」であり、「タイムカプセル」ともいえよう。このような建物の歴史的価値を評価し、しっかりと保存していくことが重要である。

先にもふれたが本書を執筆中に、1964東京大会の競泳会場であった「国立代々木体育館」が重要文化財に

指定されたという吉報が入ってきた。１９６４東京大会後は床が張られ、コンサートの殿堂や全国高校生のバレーボール大会の聖地となるなど、「用・強・美」のバランスを備えた建築の傑作である。完成から60年近くも経過しており、都市の歴史を伝えてくれる立派な「都市の遺伝子」といえよう。

他にも、ＪＲ東日本が行っている品川開発プロジェクトエリア内で出土した「高輪築堤」について、２か所を現地保存し、一部の建物計画を変更することが発表された。約１５０年前の明治初期に鉄道を敷設するため海上に構築された構造物で、日本の近代化土木遺産である。

今後はバブル期（平成初期）以降に造られた東京国際フォーラムや国際展示場、現代美術館といった豪華な設えの建築を、計画的に維持更新を行って長寿命化させていくことも必要となる。

都市は一つひとつの建築の集合体であり、そこに生活する人々のドラマがヒストリーを生み出し、都市の重厚さやアイデンティティーを育んでいく。それは何よりも第２章でみてきた古代の遺跡に囲まれた都市であるローマ市が証明している。

○拡大と集中から縮小と分散・ネットワークへ

東京は人口集中と、それに伴う都市域の拡大により発展してきたという歴史がある。

これまで集中が力を発揮するという論理のもと、東京にオフィスビルが林立し、その結果そこで働く人の集中を招いていた。そして都市域のスプロールが進み、隣接県の都市がベッドタウンと化し、臨海部の埋立地に新たな副都心を建設するまでに至った。

しかし２０２５年には、いよいよ東京の人口減少も始まっていくといわれている。これまで拡大と成長しか経験したことのなかった東京が初めて人口減少という都市の縮小（シュリンキング）の局面を迎える。

また、２０３０年には３人に１人が高齢者、２０４０年代に至っては、75歳が４割を占める人口構成の時代となる。

人口減少と高齢化の進展は、これまでも市区町村の合併や公共施設の統廃合を促し、分散していた都市域をコンパクトに集約させてきた。これが全国的に展開されているコンパクトシティの概念である。止まらない人口減少と高齢化の進展は、大都市圏の周縁部にもこの波が訪れるということである。

コンパクトシティは地域拠点と化し、これらの分散した地域拠点を包み込むように東京圏という世界最大の巨大都市圏域ネットワークを再構築していくであろう。戦後から続いてきた一極集中の流れが初めて緩和されるのである。

このような局面では、公共施設の統廃合だけでなく、行政組織の予算や職員の減少も迫られ、次第に地域社会に頼らざるを得なくなってくる。それゆえ大都市の地域社会の持続可能性を高める具体的な仕組みや方策が必要となるのである。

社会のルールや仕組みは、高度成長期からの拡大・成長を前提としたものが多い。例えば建築基準法でいうと、建物の「増築」でなくて逆に減らす「減築」による利活用といったように、縮小というものを前向きに捉えて運用できるかが問われることになろう。

また、新型コロナウイルスの影響もあり、リモート会議などの普及により、わざわざ賃料の高い都心にしがみつく必要がなくなってきている。業態によってはライフとワークのバランスで考え、選択の幅が広がったことで、都心域から地域拠点への人口の分散化が加速するかもしれない。

これからが新しい都市を創造するパラダイムシフトのチャンスなのである。これまでは、経済の力が近現代の超高層ビルを理想とした都市を生み出す原動力であった。しかしこれからは、ＳＤＧｓの概念でもある、地球という惑星の中の生物圏の中に社会があり、社会の中に経済活動を含む人間の活動があるということを再認識する必要がある。

例えば、コストや手間がかかっても、もっと森林の更新サイクルを回すために木造の超高層ビルを建設するなど、そろそろ成長至上主義から脱却し、環境負荷の低減や住民の幸福度を上げることに重心を移そうではないか。

東京で暮らし働く人たちが、多様性を認め合って生き生きと社会参画し、生活に充実感を感じられるように制度や働き方、習慣を変えていくことこそが持続可能な都市東京が向かう道であると思う。

図26 拡大と集中、縮小と分散（ネットワーク）イメージ

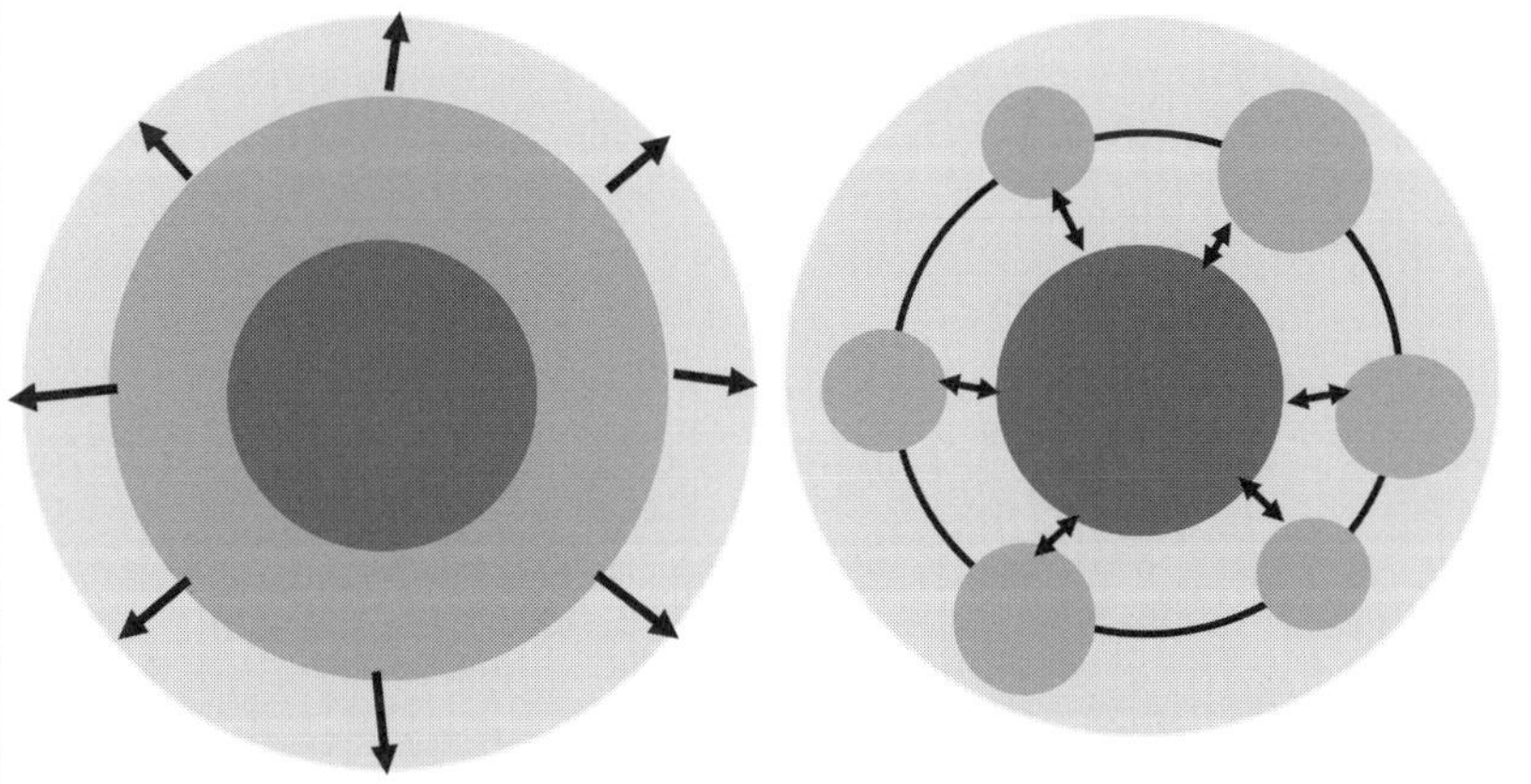

○自然や地域の生態系と共存する都市環境の創出へ

世界の先を行く、バルセロナやロンドンなどは、経済よりも文化＝人の暮らしの充足に重心を置いている。ライフとワークのバランスで言うならば、明らかにライフである。これは必然的に地域、場所とのつながりが大きい生活となる。

また、都市環境のみに未来を委ねるのではなく、都市で生活する個人の行動や意識も重要となる。地球的な視点を持った個人が市民として、地域や都市というものにどう主体的にかかわっていくかが問われている。

そこで、地域のまちづくりにおいて主体的に行動できる担い手の育成が必要となるわけである。

これらの根底に流れるのは、経済活動の集積地ではなく、人としての心と体の豊かさ（ウェルビーイング）を支える場（プレイス）として都市を捉え直すことが前提となる。

人として豊かに暮らせるかどうかは、都市を人間だけの世界で閉じずに、他の生き物や都市内における自然環

写真 226　世代を越えて里山でのタケノコ採り

境とのつながりを重視する転換が必要である。

現在、すでに始められている資源循環型の経済モデルのように、環境負荷を下げていくのは最初のステージである。次のステージは、人が介在することで、自然やほかの生き物など地球の生態系と共に繁栄していく「里山的な都市での暮らし」の実現であると私は考えている。

里山とは、１９６０年頃まで家庭用エネルギー（薪《まき》や木炭）、農業資材（緑肥）、住宅資材（屋根を葺《ふ》く萱《かや》）など、生活に必要な資材を生産するために、村の周辺に共同体所有や個人所有の人の手が入ることで維持された森林などの自然のことである。

人と自然がコラボレーションすることで、豊かな生態系を生み出すいわば「第二の自然」としての都市である。

例えば、都市の緑化も最初はとにかく緑を増やすことに注力していたが、次第に高木と低木のバランスを気にするようになった。そして最近では、地域の植生に配慮し、植物の成長をコンピュータ・シミュレーションによるアルゴリズム分析を行い、高木と低木を最適な配置にすることも可能である。

デジタル技術を活用して里山のように人間と自然がコ

図27 環状道路とグリーンインフラで構成される東京圏ネットワークの概念図

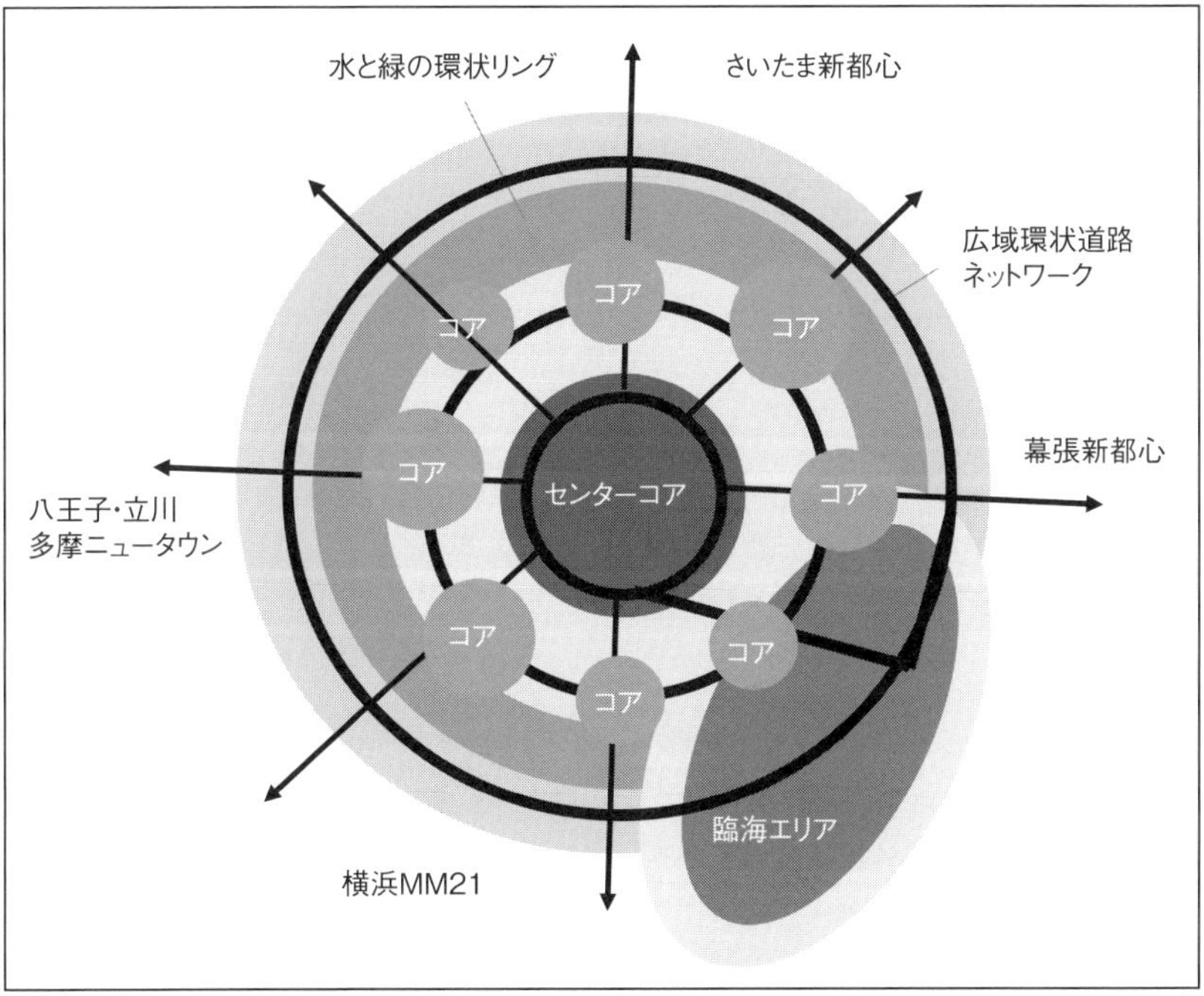

ラボレーションして、人と他の生物も含めた生態系を維持することを都市部においても実現させていく。

このように少しずつ都市環境の質の向上が図られ、時間の積層により都市が成熟していくのである。

そのためには、建築や都市デザインだけでなくデジタル技術、造園、生物学といった他の領域の学問や技術を越えた教育や異分野のコラボレーションを推進していく必要もある。

さらには東京だけでなく、東京圏の各拠点となる都市がその特徴を生かしながら、3つの環状道路でネットワークを創出する環状メガロポリス構造により、通勤や物流といった人とモノの物理的な移動はもちろんのこと、これに加えて河川の流域を中心にした水系ネットワークと都市の緑を既存の公園や庭園を拠点に屋上緑化や、街路樹などでつなげていく「水と緑の生態回廊ネットワークというグリーンインフラ」を創出して、圏域の生態系も含めた共存共栄を図っていくことが大切である。

そして、環境保全などの取り組みを担う人と、ソフトにおける自治体間の広域連合や、NPOなどの中間的組織を含めた共同体による運営体制を構築していかなければならない。

このようなグリーンインフラをメンテナンスする際、地域社会の力を借りれば、非常時の避難などの対応にもつながってくれる。そして連携やネットワークは相乗効果を発揮して、都市のレジリエンスの向上も期待できる。

この「里山的な第二の自然としての都市像」を実現させるには、一人ひとりのものの見方や、地球環境を含めた世界とのかかわりについてのパラダイムシフトが必要である。それは地球環境の負荷を軽減すると同時に、都市が人間の経済活動だけでなく、精神

写真 227　秋葉原駅前を低層で緑に重心をおいた開発をした場合の模型（1996 年）

写真 228　秋葉原駅前から、屋上緑化がエリア全体を覆っていく模型（1996 年）

のインフラとしての機能を担う段階への移行になるかもしれない。

○地域を知るベテランとデジタルネイティブ世代のコラボ

すでに始まっているようにIOT、デジタル技術の活用により、スマートシティ化を進めて行くことは重要ではあるが、国や自治体、大企業がトップダウン的に進めることはできる限り避けるべきである。

なぜなら「スマートシティ」とは、異次元の街を作ることでも、経済的な要請に応えて都市を作り変えてしまうことでもなく、そこに暮らす市民自身の生活をスマートにすることである。市民を中心に展開されなければ、「スマートシティ」のインフラとしての持続可能性は低いものとなってしまうであろう。

さらに理想を述べると、「スマートシティ」には、市民が自分たちの生活する都市の価値やアイデンティティーを強く意識できていること（シビックプライド）が必要である。そして、その価値を高めるためにお互いに得意分野や、知恵を活かし合える場こそが精神のインフラとしての機能を持った都市と言えるのではないだろうか。

グローバリゼーションは生産、消費、廃棄のすべての拠点を世界各地に分散させた。今回の新型コロナウイルスのパンデミックで、マスクの入手から便器や電子部品、食品まで、身近なモノの入手が困難になったことを実感した方も多いと思う。

世界各地の拠点間をマテリアルが移動するのに要する化石燃料を考えれば、環境負担は大きい。バルセロナなどの「Fab City」は、消費と生産の分断を乗り超え、製造拠点を再び地域で自己完結できるようにする取り組みである。地球規模にまで拡大した生産／消費モデルを、再び地域の手に戻すことであり、食・エネルギー・モノの製造拠点を消費の拠点に近付けることを意味している。

都市は、常に変わりゆくものであり、スマートテクノロジーよりもはるかに有機的であるため、どのように実装するかが大きな課題である。それゆえバルセロナ市は、先にケーススタディで紹介したように、都市を生態学的な視点から捉え直して、新しいアプローチでの挑戦を続けているのである。

写真 229　ファブラボの実例　世田谷ものづくり学校

「Fab City」は、ボトムアップという柔軟な分散型コミュニティを通じた実装を試みている。世界各地の１７００ものファブラボやメイカースペースがインフラとなり、ローカルに草の根的に広がっていく。この現象は、これまで消費者としての存在だった市民を、クリエイターとして生まれ変わらせるかもしれない。

すでに渋谷にもファブカフェが誕生し、世田谷区の廃校を活用したインキュベーション施設である世田谷ものづくり学校にもファブラボがある。私も一度、ＭＤＦボードをレーザーカッターでカットするため利用したこともある。

一方でボトムアップや草の根の個人のがんばりだけでは、都市スケールへファブラボの実装は時間がかかり過ぎて限界がある。また、スマートシティやファブラボを実装させるだけでなく、都市を「里山的な第二の自然」へと変化させていくのにはどのようなアプローチが良いのであろうか？

私はボトムアップとトップダウンをつなぐ先に記したＮＰＯや大学といった中間的な媒介組織が必要と考えている。しかも、デジタル技術やＳＮＳを気軽に操れるデジタルネイティブと言われる世代が中心となる中間組織である。このようなスキルと発信力のある若者こそが国や自治体、企業と地域を良く知ったベテランやリーダーをつなげてくれるのではないだろうか。

図28　生物圏、社会、経済のイメージ

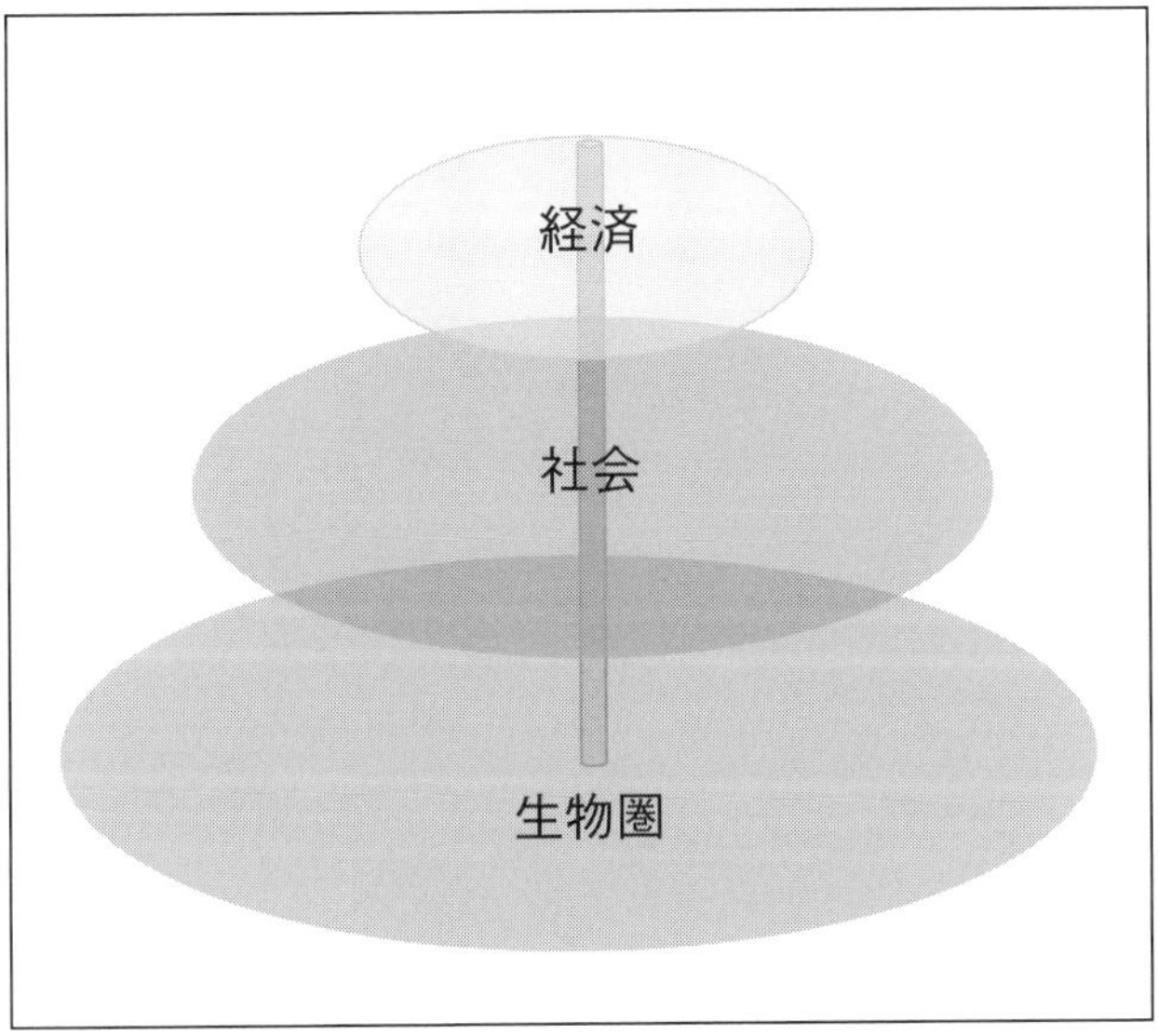

コンピューテーショナル・デザインと3Dプリンターといった技術は、企画から生産までを個人で可能とうる技術である。

例えば、このようなツールを自在に操れるデジタルネイティブ世代の学生が、建築や都市について学んでいるとする。この学生が、生物学についてスキルのある人たちとコラボして、生物のもつ軽くて丈夫な構造で、なおかつ自然循環する建築材料の生成が実現できるようになれば、この建築材料やデザインによって都市は自然界にもやさしく、人間の本能にもっと心地よい建築・都市存在しない垂直や直線から解放されて、柔らかくて環境空間を創出できるかも知れない（実際には、建築材料メーカーなどの力が必要であるなど、ハードルが多いが、私は、夢ではないと思っている）。

○世代を超えて存在する都市をZ世代へ

都市づくりは国家百年の計、四半世紀くらいのタームで区切りながら歴史をつくる取組である。そのため、本書においても１００年とは言わずとも、少なくとも30年くらい先の私の考える東京の将来ビジョン（まだ、生煮

写真 230　ロンドン東部にある地球温暖化の進行を視覚化した展示館ザ・クリスタル

えで、非常にわかりにくくて恐縮であるものの）を述べてきた。

ただイメージするだけでなく、とにかく人にビジョンを伝え、議論をしながら共有できる仲間を増やしていくことが重要である。世界では、シンガポールやロンドンはもとよりハンブルグの「ハーフェンシティ」には、巨大な都市の未来の姿を展示した都市情報センターがある。このような都市の未来像についての情報を発信する都市情報センターを、それも大会開催の連携を契機に「都市のレガシー」となりうる臨海副都心辺りに、行政の枠を越えて「東京圏全体の都市情報センター」として設置することも必要ではないだろうか。

人間は環境を壊せるが、建物や都市空間といったものをつくり、それを後世に資産として引き継ぐことも身に着けている。それができない人間以外の生物は、環境に合わせて生きていかざるを得ない。

それゆえ、人間以外の生物にとって引き継ぐこととは、世代交代により環境に体を合わせていくことなのである。

しかし、一方で人間も科学技術と資本主義を中心に置き過ぎずに、もう少し自然循環を重視し、他の生物たち

写真231 都立代々木公園内の記念樹木の森

写真232 五輪大会でバスの駐車場として使用された旧築地市場跡地から豊洲市場方向（奥）

のように持続可能な共存の道を探ることが必要である。

そして、都市は経済という軸だけでなく生物としての人間、地域資源を最大限活用するといった、地球、生態系、地域を中心に添え、デジタル技術を上手く利用しながら生物としての人の生活を中心とした都市に転換していくべきである。

デジタル技術で都市をスマートに変えるだけでなく、環境に適応してきた生物の持つデザインをも取り込んで建築や都市を変えていくのは、私のような昭和生まれのX世代ではなく、デジタルネイティブと言われるY世代や、生まれた時からインターネットやSNSがあり、それらを使いこなせるZ世代と言われる人たちに、世代を超えて存在する都市、次の世代へのバトンを渡していかなければならない。

最後に、1964東京大会のエピソードとパラリンピックついてふれて、本稿を閉じたいと思う。1964東京大会の選手村であった都立代々木公園の一角に、世界

写真 233　大会開催中にお台場に設置されたパラリンピックのシンボルマーク

からやってきた若者同士の心の交流と平和を願って、自国の代表的な樹木の種子を持ち寄り22か国24種の樹木林がある。

持ち寄られた種は、日本各地の林業試験場で苗木にまで育てられて、全国各地で育てられた。あれから50年以上が経過し、苗木は立派な樹木へと成長した。そして小鳥や虫が集まる立派な林を構成している。隣接する100年を超えた明治神宮の杜ともつながり、原宿・渋谷エリアを生態系豊かな場にしてくれている。

私が公園を訪れたコロナ禍の秋の休日は、公園内での飲食は禁止されていたものの、沢山の人たちがソーシャルディスタンスを保ちながら踊ったり、走ったり、くつろいでいた。

五輪ムーブメントの3本柱は、スポーツ、文化に加えて環境である。環境の概念は幅広いが、都市環境の改善も含まれているとすれば、「都市のレガシー」の創出には50年、100年単位で捉える視点も必要である。

地球環境も都市も、国家百年の計で創造していくものであり、世代を引き継いでバトンを渡していかなければならない。

本書は私の力不足で五輪中心の内容となってしまったが、忘れてはならないのはパラリンピック大会である。世界で初めて2回目のパラリンピック大会を開催した都市である東京は、多様性、インクルーシブという理念を都市に根付かせるきっかけとすることはもとより、競技の認知度アップや競技団体、選手への支援といった大会開催の決定と準備過程において生まれた草の根の輪が、今後も継続的に行われることを期待したい。

五輪大会の会場計画やレガシー巡りとつなげて最後は、まだ私自身しっかりと整理できていない未来の建築や都市デザインについて論じてきたが、次世代にレガシーのバトンをしっかりと渡せるように引き続き努力を続けていきたいと思う。

おわりに

「はじめに」でも書いたが、もう少し詳しく書くと、私は２０１３年４月に東京都スポーツ振興局招致戦略課に招致計画主査として異動し、それから３年３か月の間、オリンピック・パラリンピック競技大会の招致活動から開催都市への決定、その後の大会開催準備のフレームワーク（会場全体配置計画の見直し、オリパラ環境アセスメント、レガシー検討、大会組織委員会の会場整備部門の立ち上げ、新設競技会場の整備調整等）を担当していた。

２０１６年７月に他の部署に異動したものの、プライベートな旅行を通じて大会開催都市を巡りながら『都政新報』への連載という形で、五輪大会の会場計画などの調査を継続してきた。

本書は、そんな私の10年あまりに及ぶ五輪大会と都市・建築に関する調査レポートの総決算としてまとめたものである。

昨年３月、２０２０東京大会の開催を契機に建設された施設の全てが無事に完成し、大会準備の整った段階での開催１年延期決定。私のモチベーションも低下し、『都政新報』への４回目の連載を目指して執筆中であった原稿作成の筆も止まってしまった。

その後も新型コロナの第二波、第三波と、一進一退を繰り返す中、大会開催が危ぶまれるようなニュースを見る度に、本書を書く意義について自問自答を繰り返し続けていた。

原稿を仕上げて改めて思うことは、建築を学び公共施設を創り出す技術職として、「新たに建設された施設を長期に渡って大切に利活用し、都市のレガシーにして欲しい」という思いこそが、世界の都市を巡り、本書を執筆することができた一番の原動力であったのかもしれない。

それは、私自身が公共施設づくりをライフワークと選んだ原点と重なる。私は、「全ての建築物には誕生した意義があり、文化（カルチャー）や芸術として都市の歴史（ヒストリー）を次世代に伝えてくれる」と信じている。人が建築を生み出して活かし、建築が都市を活かしてくれるのである。

ライフ・ワークバランスがより重視される時代、趣味と実益を兼ねて、個人の生き甲斐が少しでも社会へ還元されることにもつながれば、お互いがｗｉｎ－ｗｉｎになれる。

このことを体現する意味でも出版という形に残る取組は、正直大変ではあったが、表紙の絵のスケッチを描き、装丁デザインを考えたりと、コロナ禍における週末の時間の過ごし方として、とてもやりがいのあるものとなった。

また、新型コロナの影響により海外旅行にも行けない中で、これまでの旅の思いつもなら旅費に化けるコストを本書の出版に充てたのが、出版のもう一つの理由である。

本書が、大会開催を契機に整備された施設や場所への愛着を育み、同時に未来を担う世代の人たちにとっては、公共施設の計画や整備の仕事に興味を持つきっかけとなってくれれば幸いである。

そして、本書は何より、私自身のレガシーにもなってくれるであろう。

最後に出版にあたり、連載時からお世話になった（株）都政新報社の皆様と、5都市を一緒に旅し、マイナーなオリンピックパークを一緒に巡ってくれた妻と娘に感謝する次第である。皆様、私のつたない文章を最後まで読んでいただきありがとうございました。

2022年3月

主要な参考文献・資料一覧

※本書では、都市の歴史や五輪大会の開催経緯などを参考文献から拾い出して付け加え、編年体で一つの流れに再構成して表記している。
※複数の章にまたがるものは、第１章にまとめて掲載し、他はできる限り章に振り分けている

●第１章ほか

「国際オリンピック委員会（ＩＯＣ）」ホームページ https://olympics.com/ioc
「日本オリンピック委員会（ＪＯＣ）」ホームページ https://www.joc.or.jp/
ジム・パリー／ヴァシル・ギルギノフ著、舛本直文著・訳『オリンピックのすべて〜古代の理想から現代の諸問題まで』大修館書店 ２００８年
マイケル・ペイン著、保科京子・本間恵子訳『オリンピックはなぜ、世界最大のイベントに成長したのか』サンクチュアリ出版 ２００８年
小川勝『オリンピックと商業主義』集英社新書 ２０１２年
後藤逸郎『オリンピック・マネー 誰も知らない東京五輪の裏側』文春新書 ２０２０年
「笹川スポーツ財団」ホームページ https://www.ssf.or.jp/index.html
『開催都市契約２０２０』、『東京２０２０大会開催基本計画』、施設整備等、東京都オリンピック・パラリンピック準備局ホームページ https://www.2020games.metro.tokyo.lg.jp/taikaijyunbi/taikai/hcc/index.html
「東京２０２０大会組織委員会」ホームページ https://www.tokyo2020.jp/ja/
西田善夫『オリンピックと放送』丸善ライブラリー １９９９年
『東京の都市づくりのあゆみ』東京都発行 ２０１９年

●第２章

オリンピック東京大会組織委員会『オリンピック・ローマ大会調査報告書』１９６１年
塩田潮『東京は燃えたか オリンピック１９４０—１９６４—２０２０』朝日文庫 ２０１８年
長谷部俊治「歴史都市ローマの行政１〜６」公益社団法人都市計画協会『新都市』特別寄稿 ２０１５年
『街物語 イタリア』ＪＴＢ ２００１年
弓削達『ローマ（世界の都市の物語）』文藝春秋 １９９２年
『地球の歩き方 イタリア２０１９〜20』ダイヤモンド・ビッグ社 ２０１９年

堀江興「イタリアの首都ローマの都市形成変遷と現代的課題」『新潟工科大学研究紀要第7号』２００２年12月
鯖江秀樹「ローマ万博の光と影―ジュゼッペ・ボッタイのまなざし」『ディアファネース：芸術と思想』（京都大学大学院人間・環境学研究科岡田温司研究室紀要第1号）２０１４年
『日経アーキテクチュア』２０１０年1月11日号（ローマの現代建築特集）日経ＢＰ社　２０１０年

●第3章

オリンピック東京大会組織委員会『東京オリンピック大会公式報告書』
『新建築』１９６４年10月号（東京オリンピック施設特集）新建築社　１９６４年
橋本一夫『幻の東京オリンピック』ＮＨＫブックス　１９９４年
竹内正浩『地図で読み解く東京五輪』ベスト新書　２０１４年
片木篤『オリンピック・シティ　東京１９４０・１９６４』河出ブックス　２０１０年
『地図と写真で見る東京オリンピック１９６４』ブルーガイド編集部（ブルーガイド）２０１５年
フォート　キシモト・新潮社編『東京オリンピック１９６４』（とんぼの本）新潮社　２００９年

●第4章

『日経アーキテクチュア』１９９２年7月20日号／8月3日号（五輪都市バルセロナ前・後特集）日経ＢＰ社　１９９２年
岡部明子『バルセロナ―地中海都市の歴史と文化』中公新書　２０１０年
岡部明子『サステイナブルシティ―ＥＵの地域・環境戦略』学芸出版社　２００３年
福川裕一・岡部明子・矢作弘『持続可能な都市―欧米の試みから何を学ぶか』岩波書店　２００５年
岡部明子「都市計画のバルセロナモデル：光と影」公益財団法人日本都市計画学会『都市計画３１９号　特集成熟時代のオリンピック・パラリンピック大会と都市のイノベーション』２０１６年
『地球の歩き方　バルセロナ＆近郊の町とイビサ島・マヨルカ島２０１４～15』ダイヤモンド・ビッグ社　２０１４年
一般財団法人　自治体国際化協会　Clair Report No.414「シドニーオリンピックの歴史とレガシー」２０１５年

『ナショナルジオグラフィック日本版　オリンピック都市シドニー』２０００年８月号第６巻第８号　通巻№65　ナショナルジオグラフィック社　２０００年
『地球の歩き方　シドニー&メルボルン２０１６〜17』ダイヤモンド・ビッグ社　２０１６年
大シドニー圏地域計画：シドニー３大都市圏構想　https://www.sydney.au.emb-japan.go.jp/itpr_ja/WesternSydneyDevelopment.html
大ロンドン市長　ケン・リビングストン編　ロンドンプラン研究会訳　元東京副知事・青山佾監修『ロンドンプラン―グレーター・ロンドンの空間開発戦略―』都市出版　２００５年
村木美貴「ロンドン・オリンピックにおけるレガシー計画の重要性」公益財団法人日本都市計画学会『都市計画３１９号　特集成熟時代のオリンピック・パラリンピック大会と都市のイノベーション』２０１６年
東郷尚武『ロンドン行政の再編成と戦略計画』東京市政調査会都市問題研究叢書　日本評論社　２００４年
山口二郎『ブレア時代のイギリス』岩波新書　新赤版（９７９）２００５年
鈴木博之『ロンドン―地主と都市デザイン』ちくま新書　１９９６年
小池滋『ロンドン（世界の都市の物語）』文藝春秋　１９９２年
『地球の歩き方　ロンドン２０１５〜16』ダイヤモンド・ビッグ社　２０１５年

●第５章

『東京港便覧２０１７』東京都港湾局発行　２０１７年
平本一雄『臨海副都心物語―「お台場」をめぐる政治経済力学』中公新書　２０００年
遠藤毅「東京都臨海地域における埋立造成の歴史」『地学雑誌１１３巻６号』東京地学協会　２００４年
『海上公園ガイド』東京都発行　２０１７年
根来喜和子「海上公園事業〜40年以上前に始まった東京港の自然再生の取組〜」『沿岸域学会誌第27巻号２号』２０１４年
自治体国際化協会欧州事務所「ロンドン・ドッグランドの開発と行政」一般財団法人　自治体国際化協会　Clair Report No.002　１９９０年
金雲龍『偉大なるオリンピック―バーデンバーデンからソウルへ』ベースボールマガジン社　１９８９年
朴光賢「ソウルオリンピック競技施設配置計画とソウル都市計画用途地域における緑地地域との相関について」公益

財団法人　日本都市計画学会『都市計画319号　特集　成熟時代のオリンピック・パラリンピック大会と都市のイノベーション』2016年

自治体国際化協会（ソウル事務所）「清渓川復元事業～50年ぶりに復元された清渓川」一般財団法人　自治体国際化協会　Clair Report No.306　2007年

ソウル特別市清渓川復元推進本部『ソウルの夢と希望　清渓川』2005年

『ソウルの夢と希望　清渓川』ソウル特別市発行

金白永著　阪野祐介訳「江南開発とオリンピック効果―1970～80年代蚕室オリンピックタウン造成事業を中心に―」『空間・社会・地理思想　21号』2018年

●第6章

『長野オリンピック・パラリンピック公式報告書』長野大会組織委員会

石坂友司・松林秀樹『オリンピックの遺産の社会学　長野オリンピックとその後の10年』青弓社　2013年

『長野オリンピック・パラリンピックから20年報告書』一般社団法人　長野県世論調査会　2018年　http://www.nagano-yoron.or.jp/pdf_report/2017/nagano_20years.pdf

「長野市役所ホームページ」長野市公共施設等総合管理計画ほか　https://www.city.nagano.nagano.jp/uploaded/attachment/741682.pdf

●第7章

「環状メガロポリス構想　21世紀の首都像と圏域づくり戦略」東京都都市整備局ホームページ　2001年　https://www.toshiseibi.metro.tokyo.lg.jp/kanko/mpk/index.html

陣内秀信『江戸東京のみかた調べかた』法政大学　東京のまち研究会　鹿島出版会　1989年

オギュスタン　ベルク（著）、篠田勝英（翻訳）『都市のコスモロジー―日・米・欧都市比較』講談社現代新書　1993年

IDEAS FOR GOODウェブマガジン「スマートシティ先進都市バルセロナに学ぶ。市民を中心とした都市運営の生態学的アプローチ」https://ideasforgood.jp/2020/03/05/barcelona-smartcity/

長谷川昌之（はせがわ・まさゆき）

1970年、東京生まれ、東京育ち。東京の都市づくりにあこがれて東京都に入る。
一級建築士でもあり、行政で主に公共建築に関する計画策定や整備業務を担当。
趣味は、絵画鑑賞・制作、映画鑑賞、建築巡りや街歩きなど。

都市のレガシー

定価はカバーに表示してあります。

2022年4月15日　初版第1刷発行

著　者　**長谷川昌之**
発行者　吉田　実
発行所　株式会社**都政新報社**
〒160-0023
東京都新宿区西新宿7-23-1　TSビル6階
電 話：03（5330）8788
FAX：03（5330）8904
振 替：00130-2-101470
ホームページ：http://www.toseishimpo.co.jp/

デザイン　荒瀬光治（あむ）
印刷所　藤原印刷株式会社

ISBN 978-4-88614-272-6 C1036